Ronald Antonio Rodriguez Moncada
Carlos Alexander Mendoza Jacomino

Sistemas de transporte e planeamento urbano

Ronald Antonio Rodriguez Moncada
Carlos Alexander Mendoza Jacomino

Sistemas de transporte e planeamento urbano

Mobilidade eficiente e planeamento urbano sustentável

ScienciaScripts

Cover image: www.ingimage.com

This book is a translation from the original published under ISBN 978-613-9-46908-6.

Publisher:
Sciencia Scripts
is a trademark of
Dodo Books Indian Ocean Ltd. and OmniScriptum S.R.L publishing group

120 High Road, East Finchley, London, N2 9ED, United Kingdom
Str. Armeneasca 28/1, office 1, Chisinau MD-2012, Republic of Moldova, Europe
Managing Directors: Ieva Konstantinova, Victoria Ursu
info@omniscriptum.com

Printed at: see last page
ISBN: 978-620-8-41363-7

Prefácio

Num mundo em que a urbanização avança a um ritmo sem precedentes, as cidades não só se estabeleceram como centros nevrálgicos da atividade económica e social, mas também como cenários de desafios complexos e urgentes. Problemas como o congestionamento rodoviário, as desigualdades no acesso aos serviços de mobilidade e os efeitos das alterações climáticas exigem soluções abrangentes e inovadoras para um desenvolvimento urbano sustentável. Sistemas de Transporte e Planeamento Urbano: Inovação, Sustentabilidade e Desenvolvimento, com o subtítulo "Transformar as Cidades do Futuro: Mobilidade Eficiente e Urbanismo Sustentável", é uma obra que responde a esta necessidade, fornecendo análises aprofundadas e propostas visionárias para enfrentar estes desafios. Como refere Gehl (2010), "as cidades devem ser espaços desenhados para as pessoas, onde a interação humana e o acesso a serviços estejam no centro do seu planeamento" (p. 45). Nesta obra, o autor adopta esta abordagem centrada nas pessoas, oferecendo ferramentas práticas e ideias revolucionárias que não só resolvem problemas técnicos, como também promovem o bem-estar social e ambiental. Desde a implementação de sistemas de transporte eléctricos à criação de espaços públicos inclusivos, cada proposta deste livro reflecte um compromisso com a sustentabilidade e a equidade. O leitor encontrará nestas páginas uma análise abrangente que combina teoria e prática. Por exemplo, Litman (2021) sublinha que o planeamento urbano deve adotar uma abordagem multidimensional que considere a mobilidade sustentável como um elemento-chave na redução das desigualdades sociais e económicas nas cidades contemporâneas. Este princípio orienta as soluções apresentadas no texto, onde são abordados não só os aspectos tecnológicos, como os sistemas de transporte inteligentes, mas também os desafios sociais, como o acesso equitativo à mobilidade. É importante referir que a transformação das nossas cidades não pode ser da responsabilidade exclusiva de urbanistas ou engenheiros. Como salientam Newman e Kenworthy (2015), "a sustentabilidade urbana é um esforço coletivo que depende da colaboração ativa entre governos, comunidades locais e agentes privados" (p. 87). Este livro ecoa esta ideia, oferecendo aos leitores não só uma compreensão mais profunda das questões urbanas, mas também um convite para participarem ativamente na construção de um futuro mais sustentável. Para os profissionais, este livro representa uma ferramenta inestimável para compreender as tendências globais e as estratégias mais eficazes no planeamento urbano e nos transportes. Para os académicos e estudantes, é uma fonte rica de conhecimentos e referências que enquadra os desafios actuais num contexto prático e aplicável. Para os cidadãos interessados em tornar-se agentes de mudança, este livro fornecerá ideias claras e motivadoras sobre a forma como as suas decisões quotidianas podem influenciar positivamente as suas comunidades. Como diz Jane Jacobs (1961), "o desenvolvimento urbano bem sucedido é aquele que respeita a diversidade e a complexidade das cidades" (p. 25). Este livro não só respeita essa diversidade, como também a celebra, oferecendo um enquadramento para pensar em soluções inovadoras que permitirão às nossas cidades florescer no século XXI. Que estas páginas não só o informem, mas também o inspirem a agir, porque o planeamento urbano não é apenas uma disciplina técnica: é um ato coletivo de imaginação e criação que molda a qualidade de vida de milhões de pessoas.

Índice

Introdução

O planeamento urbano e os sistemas de transportes são os pilares fundamentais sobre os quais se constroem as cidades modernas. Ao longo da história, as cidades evoluíram de pequenos aglomerados populacionais para megacidades que enfrentam desafios sem precedentes, como o crescimento demográfico, as alterações climáticas, o congestionamento do tráfego, a poluição e a necessidade de garantir a acessibilidade para todos. Neste cenário, a engenharia civil torna-se uma disciplina crucial, e o livro *"Transport Systems and Urban Planning: Innovation, Sustainability and Development"* foi concebido para orientar os actuais e futuros engenheiros civis na criação de cidades mais eficientes, inclusivas e resilientes.

Este livro abrange tudo, desde os princípios fundamentais da mobilidade e do planeamento urbano até aos desenvolvimentos tecnológicos e sustentáveis que revolucionaram ambos os campos. Os leitores irão explorar conceitos-chave como os transportes públicos eléctricos, as ciclovias e as inovações nos transportes partilhados e autónomos, ao mesmo tempo que adquirem uma visão abrangente do planeamento urbano sustentável. Além disso, o livro destaca a conceção de espaços públicos, a integração de infra-estruturas verdes e estratégias de densificação urbana que melhoram a qualidade de vida face às crescentes exigências da população. Cada capítulo é enriquecido com exemplos contemporâneos e estudos de caso, oferecendo uma perspetiva prática e realista.

Este livro não é apenas uma compilação teórica, mas um guia prático e visionário que prepara os engenheiros civis para enfrentar os desafios actuais e antecipar os futuros. Para além dos aspectos técnicos, explora a forma como o planeamento urbano e os sistemas de transportes interagem em sinergia para conceber cidades funcionais e sustentáveis. Analisa também as tendências e tecnologias disruptivas, como a inteligência artificial na gestão do tráfego e as soluções de micro-mobilidade, que redefinem os padrões de acessibilidade e mobilidade. Dá também ênfase à sustentabilidade e às alterações climáticas, destacando práticas como a utilização de energias renováveis e métodos de transporte sustentáveis, essenciais para reduzir a pegada de carbono. Além disso, aborda as políticas e regulamentos de planeamento urbano, fornecendo uma compreensão abrangente dos enquadramentos legais, incentivos fiscais e estratégias de investimento necessárias para o sucesso de cada projeto. Finalmente, o livro oferece uma visão aprofundada das projecções futuras, antecipando os avanços no transporte autónomo e as novas exigências de resiliência urbana.

Dirigido principalmente a estudantes e profissionais de engenharia civil, este livro é também útil para arquitectos, urbanistas, gestores públicos e todos os interessados em compreender o funcionamento e a estrutura das cidades modernas. Trata-se de uma ferramenta essencial que transcende o conhecimento técnico, ligando a engenharia a uma visão inclusiva, resiliente e sustentável do futuro. Através deste livro, os leitores embarcarão numa viagem de aprendizagem que lhes permitirá projetar e construir cidades mais humanas, ecológicas e preparadas para os desafios do século XXI.

Capítulo 1: Introdução aos sistemas de transporte

No coração de qualquer cidade dinâmica e próspera, os sistemas de transporte são o tecido que liga os seus habitantes, facilitando a vida quotidiana, promovendo a economia e reforçando a coesão social (Garcia, 2023). A mobilidade urbana, em todas as suas formas, representa muito mais do que a simples tarefa de se deslocar de um sítio para outro; é uma força transformadora que impulsiona o desenvolvimento e a acessibilidade. Neste primeiro capítulo, vamos mergulhar no excitante mundo dos sistemas de transporte, explorando a sua evolução histórica, o seu impacto na vida moderna e as várias formas como moldam as nossas cidades.

O estudo dos sistemas de transporte vai para além das infra-estruturas; abrange também a forma como os indivíduos e as comunidades interagem com o seu ambiente urbano. Desde o transporte público de massas aos modos de transporte privados e partilhados, cada componente de um sistema de mobilidade tem o seu próprio papel na criação de um ecossistema urbano eficiente e acessível (Lopez, 2022). Este capítulo explora os fundamentos dessa estrutura, observando as tendências que redefiniram a mobilidade nas últimas décadas e analisando a forma como os transportes influenciam diretamente o desenvolvimento socioeconómico das cidades.

Porque é que é essencial compreender os sistemas de transportes? Para os engenheiros civis, compreender os sistemas de transportes não é apenas um requisito técnico; é uma necessidade estratégica. Ao aprofundar a conceção e o planeamento destes sistemas, os engenheiros têm o poder de influenciar a vida quotidiana de milhões de pessoas, optimizando o seu tempo, aumentando a sua qualidade de vida e criando um ambiente mais acessível e equitativo (Martinez, 2021). Este capítulo fornece uma visão abrangente dos diferentes tipos de sistemas de transporte, das suas particularidades e da forma como são integrados no contexto urbano para fornecer soluções de mobilidade adaptadas às necessidades em evolução das cidades.

Os sistemas de transportes como instrumento de mudança social Para além de facilitarem a deslocação, os sistemas de transportes são poderosos instrumentos de inclusão social. Um sistema de transportes bem concebido permite que pessoas de todas as origens acedam a oportunidades de educação, emprego e lazer, promovendo uma cidade mais justa e diversificada (Pérez, 2020). Nesta secção, vamos explorar como a acessibilidade e a inclusão são fundamentais para criar um sistema de transportes eficaz e como estes princípios ajudam a reforçar o tecido social.

Evolução da mobilidade: tendências actuais e desafios futuros

Com o avanço da tecnologia e as crescentes preocupações ambientais, os sistemas de transporte estão em constante evolução. Hoje, mais do que nunca, as cidades procuram alternativas sustentáveis e eficientes, como os transportes públicos eléctricos e as infra-estruturas não motorizadas, que reduzam a pegada de carbono e promovam a saúde e o bem-estar dos cidadãos (Gómez, 2023). Este capítulo também discute os desafios que os sistemas de transporte enfrentam num mundo em mudança: desde a gestão do congestionamento e da poluição dos veículos até à integração de novas tecnologias e ao impacto dos sistemas de mobilidade partilhada.

Um olhar sobre o futuro da mobilidade urbana

Por último, aprofundaremos as projecções futuras e as mudanças que se avizinham no domínio dos sistemas de transporte. Exploraremos a forma como a inteligência artificial, os veículos autónomos e os modelos de mobilidade como serviço (MaaS) estão a remodelar as nossas expectativas e possibilidades de mobilidade nas cidades do futuro (Rodriguez, 2024). À medida que as necessidades urbanas evoluem, os engenheiros civis são chamados a antecipar estas transformações e a conceber sistemas de transportes que não só respondam às exigências actuais, como também estejam preparados para os desafios do futuro.

Bem-vindo a uma exploração aprofundada dos sistemas de transporte, onde o conhecimento técnico se alia à visão social e ambiental. Neste primeiro capítulo, descobrirá como a mobilidade urbana se torna uma ferramenta essencial para o progresso das cidades e como, como futuros engenheiros civis, pode fazer parte desta importante transformação na vida urbana. Junte-se a nós nesta imersão inicial e descubra o poder de um sistema de transportes bem concebido!

1.1 Importância e evolução dos sistemas de transporte

Os sistemas de transporte são um dos elementos essenciais para o desenvolvimento integral das cidades. A sua evolução e adaptação têm sido fundamentais para melhorar não só a mobilidade, mas também a qualidade de vida, a economia e o desenvolvimento social nas áreas urbanas (Litman, 2021). No contexto atual, os sistemas de transporte são considerados infraestruturas críticas, pois permitem a interação entre pessoas, bens e serviços, fortalecendo o tecido urbano e promovendo a coesão social (Banister, 2018). O planeamento e a gestão destes sistemas são, por isso, prioridades para os engenheiros civis, que são desafiados a conceber sistemas seguros, acessíveis, sustentáveis e resilientes.

Historicamente, a evolução dos sistemas de transporte tem sido moldada pelas necessidades da época. Durante a revolução industrial, as cidades conheceram um crescimento rápido e estimularam a expansão das redes ferroviárias e de eléctricos, o que facilitou a deslocação de grandes populações para as áreas de trabalho e comércio (Sclar, 2019). Estes desenvolvimentos permitiram não só a ligação entre as zonas urbanas e rurais, mas também o crescimento das cidades como centros de atividade económica e social, criando o embrião da metrópole moderna (Knowles et al., 2020). Esta expansão das infra-estruturas urbanas trouxe consigo uma nova era de mobilidade que continua a influenciar os padrões de desenho urbano nos dias de hoje.

A segunda metade do século XX marcou mais um marco na evolução dos sistemas de transporte, com o aparecimento do automóvel e a construção de auto-estradas em muitas cidades do mundo. Esta abordagem veicular respondeu às exigências de uma sociedade que privilegiava a rapidez e a autonomia nas deslocações (Gossling, 2021). No entanto, com o passar dos anos, a dependência do automóvel começou a gerar problemas significativos, como o congestionamento do tráfego, o aumento da poluição atmosférica e a desigualdade de acesso aos transportes, sobretudo nas zonas mais afastadas dos centros urbanos (Mokhtarian & Chen, 2020). Estes efeitos negativos suscitaram o interesse por alternativas sustentáveis que dão prioridade aos transportes públicos, à mobilidade ativa (andar de bicicleta e a pé) e a infra-estruturas de transporte multimodais integradas.

Nas últimas duas décadas, o foco passou a ser a sustentabilidade e a redução do impacto ambiental do transporte urbano. Neste sentido, têm sido promovidos sistemas de transportes públicos eléctricos e a implementação de ciclovias para incentivar a mobilidade não motorizada, iniciativas que reduzem tanto as emissões de gases com efeito de estufa como os níveis de ruído nas cidades (Agência Internacional de Energia

[AIE], 2022). A mudança para o transporte sustentável foi acelerada por acordos internacionais sobre as alterações climáticas, como o Acordo de Paris, no qual os países se comprometeram a reduzir as emissões globais para mitigar os efeitos do aquecimento global (Nações Unidas, 2015).

Além disso, o desenvolvimento da tecnologia desempenhou um papel crucial nesta transição. Atualmente, a integração da tecnologia nos transportes, como os sistemas de gestão do tráfego, a utilização de aplicações de mobilidade como serviço (MaaS) e os veículos autónomos, está a transformar a mobilidade urbana, facilitando o acesso e otimizando a utilização dos recursos disponíveis (Docherty et al., 2018). Estes avanços permitem gerir o tráfego e os recursos de forma mais eficiente, oferecendo maior comodidade e acessibilidade aos utilizadores, ao mesmo tempo que reduzem a pegada ambiental das cidades.

Não menos importante é o papel dos sistemas de transporte na equidade social. Um sistema de transportes bem planeado e acessível permite que pessoas de todos os estratos sociais tenham acesso a oportunidades de emprego, educação e serviços essenciais (Pucher & Buehler, 2019). Em muitas cidades do mundo, a falta de opções de transporte em certas áreas limita as oportunidades de desenvolvimento económico e social para os seus habitantes. Assim, o transporte torna-se uma ferramenta para a justiça social e o desenvolvimento inclusivo, e o seu planeamento e conceção devem considerar estes aspectos para o benefício de toda a população.

Em conclusão, a evolução dos sistemas de transporte tem sido moldada pelas necessidades sociais, tecnológicas e ambientais de cada época. Atualmente, estes sistemas enfrentam a necessidade urgente de se adaptarem a uma era que exige sustentabilidade, inclusão e eficiência (Fernandez, 2023). Para os engenheiros civis, compreender esta evolução e os desafios actuais é essencial para conceber infra-estruturas de transportes que não só respondam às exigências de mobilidade, mas também melhorem a qualidade de vida dos habitantes urbanos e contribuam para o desenvolvimento sustentável das cidades.

1.2 Tipos de sistemas de transporte: público, privado e partilhado

Nas cidades modernas, é essencial uma diversidade de opções de transporte para garantir uma mobilidade eficiente, acessível e sustentável. Os sistemas de transporte podem ser divididos em três categorias principais: públicos, privados e partilhados. Cada um destes tipos oferece diferentes benefícios e desafios, e a sua combinação adequada pode otimizar a funcionalidade das cidades, reduzir o tráfego e mitigar os impactos ambientais (Litman, 2021). Nesta secção, vamos explorar as caraterísticas e o papel de cada tipo de transporte, bem como a sua influência no planeamento urbano e no desenvolvimento social.

Transportes públicos

Os transportes públicos são uma componente essencial da mobilidade urbana e um instrumento fundamental para o desenvolvimento sustentável. A sua capacidade de deslocar um grande número de pessoas através de autocarros, comboios e eléctricos torna-os uma solução eficaz para reduzir o congestionamento e as emissões de gases com efeito de estufa (Banister, 2018). Em particular, os sistemas de transportes públicos eléctricos ganharam popularidade nas últimas décadas, uma vez que contribuem para reduzir as emissões de dióxido de carbono e melhorar a qualidade do ar urbano (Agência Internacional da Energia [AIE], 2022).

Além dos benefícios ambientais, o transporte público promove a equidade social ao fornecer um meio de transporte acessível para pessoas de todas as classes socioeconómicas. Como referem Pucher e Buehler (2019), um sistema de transportes públicos eficiente permite que as pessoas com baixos rendimentos acedam a oportunidades de emprego, educação e saúde, independentemente da sua localização na cidade. Os engenheiros civis devem, portanto, considerar estes aspectos ao conceber e planear sistemas de transportes públicos, garantindo que o serviço chega a todas as áreas urbanas e que é seguro, eficiente e acessível a todos.

Transporte privado

O transporte privado, representado principalmente por automóveis, tem sido historicamente o método preferido de mobilidade em muitas cidades, especialmente naquelas que priorizam a infraestrutura viária em detrimento do transporte de massa (Gossling, 2021). A expansão das auto-estradas e a ascensão do automóvel durante o século XX marcaram um ponto de viragem na configuração de muitas cidades, consolidando um modelo de mobilidade centrado no veículo privado (Docherty et al., 2018). No entanto, esta dependência do automóvel conduziu a múltiplos problemas, como o congestionamento de veículos, a poluição atmosférica e uma necessidade crescente de espaço de estacionamento.

Nas últimas décadas, o aumento do tráfego e os seus efeitos negativos levaram à procura de alternativas sustentáveis ao transporte privado, e muitas cidades estão a implementar políticas para reduzir a dependência do automóvel. Estas políticas incluem taxas de congestionamento, restrições de estacionamento e promoção de modos de transporte alternativos, como a bicicleta e os transportes públicos (Litman, 2021). Ainda assim, o transporte privado continua a ser uma opção necessária em determinados contextos, especialmente em zonas suburbanas e rurais onde as infra-estruturas de transportes públicos são limitadas ou inexistentes. Assim, o desafio para os engenheiros civis consiste em equilibrar as necessidades de mobilidade privada com os objectivos de sustentabilidade e acessibilidade urbana.

Transporte partilhado

A partilha de boleias surgiu como uma alternativa inovadora que combina as vantagens dos transportes públicos e privados. Este tipo de transporte inclui serviços como o carsharing, o ride-sharing e a micro-mobilidade, como as bicicletas partilhadas e as trotinetes eléctricas. O carsharing é uma solução flexível que reduz o número de veículos nas ruas, diminui a procura de estacionamento e contribui para uma mobilidade urbana mais limpa e eficiente (Cohen & Shaheen, 2018).

De acordo com Shaheen e Chan (2016), a partilha de boleias oferece benefícios ambientais e económicos significativos, uma vez que reduz a dependência do automóvel particular e optimiza a utilização dos recursos. Além disso, muitos estudos apontam que a micro-mobilidade, especialmente em áreas urbanas densamente povoadas, pode reduzir as emissões de gases com efeito de estufa e promover uma vida mais ativa e saudável (Banister, 2018). No entanto, a implementação da partilha de boleias requer um planeamento urbano adequado que inclua estações de carregamento e estacionamento para bicicletas e trotinetas, bem como políticas para regular a sua utilização e evitar problemas de congestionamento nos passeios .

Mobilidade multimodal: integração de tipos de transporte

Uma tendência emergente no planeamento dos transportes urbanos é a mobilidade multimodal, que integra vários tipos de transporte (público, privado e partilhado) para criar um sistema de mobilidade urbana mais coeso e adaptável às necessidades dos cidadãos. Esta integração permite que as pessoas combinem diferentes modos de transporte numa única viagem, optimizando o tempo e os custos. Um sistema multimodal eficaz oferece opções de transporte flexíveis que podem ser adaptadas a cada deslocação, melhorando a eficiência global da mobilidade urbana (Docherty et al., 2018).

O conceito de mobilidade como serviço (MaaS) é uma manifestação moderna da mobilidade multimodal, em que as plataformas digitais permitem aos utilizadores aceder a múltiplas opções de transporte a partir de uma única aplicação (Gossling, 2021). Isto não só facilita a utilização de transportes públicos e partilhados, como também melhora a acessibilidade para as pessoas que, de outra forma, dependeriam do transporte privado. Para os engenheiros civis, a conceção de infra-estruturas que promovam a mobilidade multimodal implica o planeamento de estações de transporte interligadas e de sistemas de pagamento integrados que optimizem a experiência do utilizador e incentivem uma utilização mais equilibrada dos diferentes tipos de transporte.

A variedade de tipos de transportes - públicos, privados e partilhados - constitui um sistema integrado que, quando bem gerido e planeado, pode transformar positivamente a vida urbana. Cada tipo de transporte tem o seu papel, e a sua combinação efectiva pode maximizar a eficiência e a sustentabilidade da mobilidade urbana (Ramirez, 2022). Para os engenheiros civis, compreender as especificidades e vantagens de cada sistema é fundamental para criar cidades inclusivas, equitativas e sustentáveis. Esta abordagem holística é fundamental para enfrentar os desafios do congestionamento, da poluição e da acessibilidade nas cidades do futuro.

1.3 Impacto socioeconómico da mobilidade urbana

A mobilidade urbana tem um impacto profundo no desenvolvimento socioeconómico das cidades. O acesso a meios de transporte eficientes e acessíveis influencia diretamente a produtividade económica, a coesão social e a igualdade de oportunidades nas zonas urbanas. Essencialmente, um sistema de mobilidade bem planeado funciona como um facilitador do crescimento económico e social, uma vez que permite às pessoas aceder a empregos, educação, serviços de saúde e oportunidades de lazer (Litman, 2021). Esta secção explora o papel da mobilidade urbana na economia, a sua relação com a qualidade de vida e a forma como pode reduzir ou aumentar as desigualdades sociais.

Mobilidade urbana e crescimento económico

Sistemas de transporte eficientes promovem o crescimento económico ao facilitarem a circulação de pessoas e bens, permitindo um fluxo constante de atividade comercial e produtiva. A mobilidade urbana optimiza os tempos de deslocação, o que aumenta a produtividade e gera poupanças económicas significativas para as empresas e os trabalhadores (Banister, 2018). Nas economias urbanas, onde o custo do tempo perdido no trânsito representa milhares de milhões de dólares por ano, a melhoria das infra-estruturas de transportes é essencial para maximizar a competitividade das cidades (Rodrigue, 2020). De acordo com um estudo do Banco Mundial (2019), o acesso a transportes eficientes pode aumentar as taxas de emprego, ligando os trabalhadores a áreas que oferecem maiores oportunidades de emprego, especialmente nas regiões metropolitanas.

Além disso, os transportes facilitam a ligação entre mercados, aumentando a acessibilidade a bens e serviços, o que impulsiona a procura e reforça o crescimento económico. A este respeito, os engenheiros civis desempenham um papel crucial na conceção de sistemas de transporte que optimizam a logística urbana e melhoram a competitividade das cidades. Os investimentos em transportes não só impulsionam a economia local, como também podem atrair investimento estrangeiro e fomentar o turismo, elementos fundamentais para o desenvolvimento de uma economia urbana forte (Gossling, 2021).

Equidade social e acessibilidade

A mobilidade urbana não afecta apenas a economia, mas tem também um impacto significativo na equidade social. A acessibilidade a transportes urbanos económicos e acessíveis é essencial para garantir a igualdade de oportunidades na cidade. Um sistema de transporte inclusivo permite que as pessoas de baixa renda tenham acesso a serviços essenciais, como educação e saúde, e reduz a dependência da localização geográfica para aproveitar as oportunidades de emprego (Pucher & Buehler, 2019). Em particular, o transporte público desempenha um papel fundamental na inclusão social, pois permite a mobilidade para aqueles que não têm acesso a um veículo particular ou não podem pagar por outras alternativas de transporte.

A falta de infra-estruturas de transporte adequadas em certas zonas, especialmente nos bairros de baixos rendimentos e nas periferias das cidades, pode criar obstáculos significativos ao desenvolvimento socioeconómico. De acordo com as Nações Unidas (2021), as pessoas que não têm acesso a transportes adequados enfrentam taxas mais elevadas de desemprego e pobreza e têm menos probabilidades de melhorar as suas condições de vida. Por conseguinte, a equidade no acesso à mobilidade deve ser uma componente fundamental do planeamento dos transportes urbanos, e os engenheiros civis devem ter em conta estes aspectos ao conceberem as infra-estruturas para garantir a acessibilidade para todos.

Saúde pública e qualidade de vida

A relação entre a mobilidade urbana e a saúde pública é outro domínio de impacto significativo. A conceção de um sistema de transportes sustentável e saudável pode reduzir os efeitos negativos do tráfego, como a poluição atmosférica, o ruído e os acidentes de viação, factores que afectam diretamente a qualidade de vida dos habitantes das cidades (Mokhtarian & Chen, 2020). A Organização Mundial de Saúde (2021) observou que a exposição a níveis elevados de poluição atmosférica e a estilos de vida sedentários, ambos influenciados pela dependência do automóvel, estão associados a um aumento das doenças respiratórias e cardiovasculares.

A promoção de alternativas de transporte ativo, como andar a pé e de bicicleta, não só reduz as emissões de gases com efeito de estufa, como também promove um estilo de vida mais saudável, o que contribui para melhorar a saúde da população urbana (Cohen & Shaheen, 2018). Para os engenheiros civis, a integração de opções de mobilidade ativa no desenho urbano, como as ciclovias e as zonas pedonais, é fundamental para promover uma mobilidade saudável e reduzir os impactos negativos da dependência do automóvel.

Impacto no ambiente e sustentabilidade

A mobilidade urbana também tem um impacto direto na sustentabilidade ambiental das cidades. Os sistemas de transporte urbano são responsáveis por uma proporção significativa das emissões de gases com efeito de estufa, especialmente nas cidades que dependem fortemente do transporte privado (AIE, 2022). A implementação de sistemas de transporte sustentáveis, como redes de transportes públicos eléctricos e infra-estruturas para a mobilidade ativa, pode reduzir significativamente as emissões e contribuir para os objectivos de desenvolvimento sustentável.

Nas cidades que dão prioridade à mobilidade sustentável, o transporte torna-se um instrumento de mitigação das alterações climáticas e de proteção ambiental. Isto traduz-se em políticas urbanas que promovem a eletrificação dos transportes públicos, a redução de veículos motorizados no centro da cidade e a expansão de infra-estruturas verdes (Banister, 2018). Para os engenheiros civis, a criação de sistemas de transporte sustentáveis é um compromisso com o ambiente e uma oportunidade para conceber cidades que respondam aos desafios ambientais actuais.

O impacto socioeconómico da mobilidade urbana é vasto, indo da equidade económica e social à saúde pública e à sustentabilidade ambiental. Cada um destes aspectos realça a importância de um sistema de transportes bem planeado e gerido. Para os engenheiros civis, a compreensão destes impactos é fundamental para a conceção de infra-estruturas de transportes que não só melhorem a mobilidade urbana, mas também promovam o desenvolvimento económico, a inclusão social, a saúde e a sustentabilidade ambiental. Numa era de urbanização e alterações climáticas, os sistemas de transportes urbanos têm o potencial de transformar as cidades e melhorar a qualidade de vida dos seus habitantes.

1.4 Tendências actuais da mobilidade e do planeamento urbano

A mobilidade urbana e o planeamento urbano estão a passar por uma transformação significativa, impulsionada pelas mudanças tecnológicas, pela crescente consciência ambiental e pela necessidade de sustentabilidade nas cidades. As tendências actuais reflectem uma reestruturação das formas tradicionais de deslocação e de conceção urbana, integrando abordagens inovadoras que promovem a mobilidade eficiente, a acessibilidade e o respeito pelo ambiente (Litman, 2021). Esta secção examina as principais tendências em matéria de mobilidade e urbanismo, desde a ascensão dos transportes inteligentes e da micro-mobilidade até à conceção de cidades sustentáveis e resilientes, destacando o seu impacto no futuro do planeamento urbano e o papel dos engenheiros civis nestas mudanças.

Micromobilidade e mobilidade ativa

A micromobilidade, que inclui a utilização de bicicletas, trotinetas eléctricas e outros veículos ligeiros, tornou-se uma tendência crescente nas cidades modernas, uma vez que oferece uma solução rápida e ecológica para curtas distâncias (Banister, 2018). Este tipo de mobilidade não só reduz o tráfego nas ruas, como também contribui para a redução das emissões e promove um estilo de vida mais ativo e saudável. As infra-estruturas de micromobilidade, como as ciclovias e as estações de carregamento para trotinetas eléctricas, são cada vez mais procuradas nas cidades que dão prioridade à sustentabilidade e à acessibilidade.

Os transportes activos, como as deslocações a pé e de bicicleta, também ganharam popularidade como parte de uma abordagem de mobilidade saudável. De acordo com a Organização Mundial de Saúde (2021), a promoção dos transportes activos nas zonas urbanas pode reduzir as doenças relacionadas com o sedentarismo e melhorar a qualidade do ar. Este tipo de mobilidade requer infra-estruturas seguras e adequadas, como passeios largos, zonas pedonais e ciclovias dedicadas, elementos que os engenheiros civis devem ter em conta ao planear espaços urbanos acessíveis e seguros.

Cidades compactas e desenvolvimento eficiente da utilização dos solos

A tendência para as cidades compactas tem-se reforçado nos últimos anos, com a tónica no desenvolvimento de áreas urbanas densas e multifuncionais que reduzam a dependência do automóvel e optimizem a utilização do solo (Rodrigue, 2020). Este modelo urbano promove a conceção de bairros onde os residentes podem aceder a serviços básicos, como escolas, supermercados, parques e escritórios, num raio de proximidade que facilita a deslocação a pé e de bicicleta. A ideia da "cidade dos 15 minutos" é um exemplo desta tendência, propondo que os residentes possam satisfazer a maior parte das suas necessidades quotidianas a 15 minutos de casa (Moreno et al., 2021).

O desenvolvimento de cidades compactas não só reduz a pegada de carbono, como também melhora a qualidade de vida, promovendo a interação social e criando comunidades mais interligadas. No entanto, a conceção destas áreas exige um planeamento urbano cuidadoso que evite o congestionamento e garanta a disponibilidade de infra-estruturas adequadas, desde espaços verdes a redes de transportes públicos. Para os engenheiros civis, esta abordagem implica um planeamento integrado e coordenado que considere a utilização eficiente do solo, a densificação controlada e a preservação dos espaços públicos.

Sustentabilidade e resiliência urbana

A sustentabilidade e a resiliência são agora conceitos-chave no planeamento urbano, impulsionados pela necessidade de mitigar os efeitos das alterações climáticas e preparar as cidades para fenómenos extremos como inundações, secas e ondas de calor (Nações Unidas, 2015). As cidades sustentáveis procuram reduzir a sua pegada ecológica através da utilização de energias renováveis, da reciclagem de resíduos, da promoção da mobilidade sustentável e da conceção de infra-estruturas resilientes.

Para conseguir uma resiliência efectiva, muitas cidades estão a investir em infra-estruturas verdes, desde parques e jardins a telhados verdes e sistemas de drenagem urbana sustentável (SUDS). Estes elementos não só ajudam a absorver a água da chuva e a reduzir o risco de inundações, como também melhoram a qualidade do ar, criam habitats para a biodiversidade e proporcionam espaços de lazer para os cidadãos (Litman, 2021). Os engenheiros civis desempenham um papel fundamental na implementação destas infra-estruturas, garantindo que as cidades não só respondem aos desafios actuais, mas também estão preparadas para lidar com os efeitos futuros das alterações climáticas.

As tendências actuais em matéria de mobilidade e urbanismo são marcadas por uma procura de sustentabilidade, inovação e equidade. Estas transformações requerem uma abordagem de engenharia civil que se adapte às novas exigências das cidades modernas e integre tecnologia avançada, infra-estruturas sustentáveis e uma conceção urbana inclusiva (Hernández, 2023). Para os engenheiros civis, compreender e aplicar estas tendências é essencial para construir cidades que não só sejam eficientes e acessíveis, mas que também promovam a saúde, o bem-estar e a resiliência dos seus habitantes a longo prazo. Ao antecipar estas tendências, os engenheiros podem liderar o desenvolvimento de ambientes urbanos que respondam aos desafios do futuro, estabelecendo uma base sólida para cidades mais inteligentes, mais saudáveis e mais sustentáveis.

1.5 Projecções futuras e desafios no domínio dos transportes e do planeamento urbano

À medida que as cidades continuam a crescer e a enfrentar desafios complexos, como as alterações climáticas, o congestionamento, a poluição e a necessidade de uma maior equidade social, o planeamento urbano e os sistemas de transportes têm de se adaptar para satisfazer as exigências de um mundo em mudança. Os engenheiros civis estão numa posição única para influenciar o futuro da mobilidade e do desenvolvimento urbano, liderando soluções inovadoras e sustentáveis que melhoram a qualidade de vida nas cidades. Esta secção explora as projecções futuras no domínio dos transportes e do urbanismo, bem como os desafios que as cidades e a engenharia civil enfrentam neste contexto de mudança acelerada.

Crescimento urbano e exigências de mobilidade

As projecções demográficas sugerem que, até 2050, cerca de 70% da população mundial viverá em zonas urbanas, aumentando as exigências de mobilidade e sobrecarregando a capacidade das infra-estruturas existentes (Nações Unidas, 2018). Este crescimento urbano cria uma necessidade urgente de planear sistemas de transporte capazes de movimentar um grande número de pessoas de forma eficiente e sustentável. Os engenheiros civis devem conceber infra-estruturas que não só respondam à procura atual, mas também tenham a capacidade de se adaptar ao crescimento futuro.

O crescimento das cidades exige uma abordagem da mobilidade que se afaste da dependência do automóvel particular e promova as opções de transporte público e a mobilidade ativa. De acordo com a Organização Mundial de Saúde (2021), os sistemas de transportes públicos de elevada capacidade e as infra-estruturas para peões e ciclistas são essenciais para reduzir o congestionamento e atenuar os impactos ambientais e sociais do crescimento urbano. Além disso, a conceção de cidades compactas e de utilização mista, onde os serviços essenciais estão localizados perto das residências, é uma estratégia fundamental para reduzir a procura de mobilidade e promover a sustentabilidade.

Mobilidade e conetividade autónomas

A automatização e a conetividade estão a transformar os transportes urbanos e, no futuro, espera-se que os veículos autónomos desempenhem um papel importante na mobilidade das cidades. Os veículos autónomos têm o potencial de reduzir o congestionamento e melhorar a segurança rodoviária, uma vez que podem comunicar entre si e ajustar as suas rotas em tempo real para otimizar o tráfego (Docherty et al., 2018). No entanto, a introdução de veículos autónomos também apresenta desafios, como a adaptação da infraestrutura rodoviária e a regulação da sua utilização em espaços urbanos.

A conetividade também se manifesta na utilização de plataformas de mobilidade como serviço (MaaS), que permitem aos utilizadores aceder a uma variedade de opções de transporte a partir de uma única aplicação (Cohen & Shaheen, 2018). Esta abordagem multimodal e flexível melhora a acessibilidade e permite uma mobilidade mais eficiente e personalizada. Para os engenheiros civis, a integração de tecnologias de conetividade e automação nas infra-estruturas de transportes será fundamental para facilitar a transição para uma mobilidade inteligente e sustentável.

Equidade social e acesso inclusivo

À medida que as cidades se desenvolvem, a equidade social e o acesso inclusivo tornaram-se prioridades no planeamento urbano. Em muitas cidades, as áreas de baixa renda não têm acesso adequado aos serviços de transporte, limitando as oportunidades de emprego, educação e serviços de saúde para seus habitantes (Pucher & Buehler, 2019). O planeamento urbano deve garantir que todas as comunidades, independentemente da sua localização e estatuto socioeconómico, tenham acesso a opções de transporte acessíveis e económicas.

O conceito de "justiça espacial" no planeamento urbano procura garantir que os benefícios dos investimentos em infra-estruturas sejam distribuídos de forma equitativa e que a conceção das cidades não conduza à exclusão social (Gossling, 2021). Para os engenheiros civis, isto significa conceber infra-estruturas que respondam às necessidades de todos os habitantes, incluindo a acessibilidade para pessoas com deficiência e a criação de percursos seguros e acessíveis em todas as zonas da cidade.

O futuro dos transportes e do planeamento urbano é marcado por uma série de desafios e oportunidades que exigem soluções inovadoras, sustentáveis e inclusivas. Os engenheiros civis têm a responsabilidade de conceber infra-estruturas que não só respondam às exigências actuais de mobilidade, como também se adaptem a um contexto em constante mudança (Ruiz, 2024). Da eletrificação dos transportes e da mobilidade autónoma ao desenvolvimento de cidades compactas e acessíveis, o sucesso no planeamento urbano e dos transportes dependerá da capacidade de antecipar as necessidades futuras e de implementar soluções resilientes e sustentáveis. A visão de longo prazo e o compromisso com a equidade, a sustentabilidade e a eficiência serão essenciais para construir cidades que respondam aos desafios do século XXI e proporcionem uma melhor qualidade de vida a todos os seus habitantes.

Capítulo 2: Conceção de sistemas de transporte sustentáveis

A sustentabilidade dos sistemas de transporte não é apenas uma opção, mas uma necessidade premente no atual contexto de alterações climáticas, crescimento populacional e rápida urbanização. As cidades de todo o mundo enfrentam uma realidade em que os padrões de mobilidade devem ser radicalmente transformados para reduzir os impactos ambientais, melhorar a qualidade do ar e fornecer opções de transporte acessíveis e equitativas para todos os cidadãos (UN-Habitat, 2023). Este segundo capítulo, intitulado "Conceber Sistemas de Transportes Sustentáveis", convida os leitores a explorar os princípios, tecnologias e estratégias para desenvolver sistemas de transportes que não só satisfaçam as necessidades de mobilidade, mas também promovam um equilíbrio entre o crescimento urbano e a preservação do ambiente. A conceção de um sistema de transportes sustentável engloba muito mais do que a construção de infra-estruturas; envolve uma visão holística e multidimensional que considera a redução de emissões, a eficiência energética, a acessibilidade e a resiliência a desafios futuros. Este capítulo examinará as inovações que estão a moldar o futuro dos transportes urbanos, desde o transporte elétrico e a micro-mobilidade até ao planeamento urbano orientado para os transportes públicos. Cada secção destaca a forma como os engenheiros civis desempenham um papel crucial na criação de sistemas de transportes que minimizam o impacto ambiental e maximizam os benefícios sociais e económicos.

Porque é que a sustentabilidade dos sistemas de transporte é essencial? Os transportes representam uma das principais fontes de emissões de gases com efeito de estufa nas zonas urbanas e, ao mesmo tempo, são um dos sectores mais difíceis de descarbonizar devido à complexidade das infraestruturas e à dependência dos combustíveis fósseis (Agência Internacional de Energia [AIE], 2022). Num contexto de crescente preocupação com as alterações climáticas, a sustentabilidade dos sistemas de transporte tornou-se uma componente essencial das políticas urbanas e de infraestruturas, promovendo soluções que reduzam o impacto ambiental e melhorem a saúde pública (Banister, 2018). Os engenheiros civis são chamados a conceber sistemas que privilegiem os transportes públicos, as energias limpas e as infra-estruturas para os modos de transporte ativo, transformando a mobilidade num recurso que promova a sustentabilidade a longo prazo.

Tecnologias e tendências que estão a revolucionar os transportes urbanos A conceção de sistemas de transporte sustentáveis baseia-se na adoção de tecnologias que permitem uma maior eficiência e uma menor dependência dos combustíveis fósseis. Neste capítulo, exploramos as tecnologias emergentes, como os sistemas de transportes públicos eléctricos, que oferecem uma alternativa limpa e eficiente aos autocarros e comboios tradicionais. São também analisadas as redes de carregamento de veículos eléctricos e o seu papel na redução das emissões nos transportes privados. A micromobilidade, com opções como bicicletas e scooters eléctricas, também é apresentada como uma solução inovadora para viagens curtas, ajudando a reduzir o tráfego e a poluição em áreas urbanas densas (Cohen & Shaheen, 2018).

Conceção centrada nas pessoas e acessibilidade para todos

Um sistema de transportes verdadeiramente sustentável deve ser inclusivo e acessível a todos os habitantes de uma cidade, independentemente da sua localização ou estatuto socioeconómico. Este capítulo aborda a forma como a conceção dos sistemas de transportes deve ter em conta a equidade e a acessibilidade, garantindo que todas as comunidades têm acesso a opções de mobilidade económicas e convenientes. Para os engenheiros civis, isto implica uma abordagem centrada nas pessoas, em que os transportes não só ligam os lugares, mas também ligam vidas, oportunidades e serviços essenciais (Pucher & Buehler, 2019).

Resiliência e preparação para o futuro

A sustentabilidade não é apenas uma questão de impacto ambiental, mas também de resiliência. À medida que as cidades enfrentam fenómenos meteorológicos extremos, os sistemas de transportes devem ser concebidos para resistir e adaptar-se a estas alterações, garantindo a continuidade do serviço e a segurança dos seus utilizadores. Neste capítulo, exploramos a forma como a conceção de infra-estruturas resilientes, como a integração de tecnologias de drenagem urbana sustentável e de mitigação de inundações, ajuda a preparar as cidades para os futuros desafios climáticos. Esta abordagem resiliente permite aos engenheiros civis construir sistemas de transporte capazes de resistir ao teste do tempo e aos efeitos das alterações climáticas (Nações Unidas, 2015).

Um futuro de mobilidade sustentável

A transição para os transportes sustentáveis é uma oportunidade para repensar as nossas cidades e construir um futuro em que a mobilidade não comprometa o bem-estar do planeta e a qualidade de vida das gerações futuras. Este capítulo fornece um guia prático e visionário para que os engenheiros civis e os estudantes de engenharia compreendam os elementos-chave para a conceção e o planeamento de sistemas de transportes que satisfaçam as exigências do século XXI. Desde a utilização de tecnologias limpas até à criação de espaços urbanos mais acessíveis e seguros, este capítulo desafia os leitores a adoptarem uma abordagem transformadora da engenharia de transportes, abrindo caminho para um futuro de mobilidade sustentável.

Mergulhe neste capítulo e descubra como os sistemas de transportes sustentáveis podem melhorar as nossas cidades, transformar a nossa relação com o ambiente e estabelecer um legado de resiliência e equidade. Para os engenheiros civis, a conceção de sistemas de transportes sustentáveis não é apenas uma tarefa técnica; é um compromisso ético e profissional com o futuro do planeta e das nossas comunidades.

2.1 Transporte público elétrico: comboios, eléctricos e autocarros eléctricos

Os transportes públicos eléctricos tornaram-se uma solução fundamental para as cidades que procuram reduzir as suas emissões de carbono e melhorar a qualidade do ar. Com a crescente urbanização e as crescentes exigências de mobilidade, os sistemas de transporte elétrico, como os comboios, eléctricos e autocarros eléctricos, oferecem uma alternativa limpa e eficiente aos sistemas de transporte tradicionais que dependem de combustíveis fósseis (Agência Internacional de Energia [AIE], 2022). Esta secção examina os benefícios ambientais, económicos e sociais dos transportes públicos eléctricos, bem como os desafios envolvidos na sua implementação e as inovações tecnológicas que estão a impulsionar o seu desenvolvimento.

Redução das emissões e melhoria da qualidade do ar

Um dos maiores benefícios dos transportes públicos eléctricos é a sua capacidade de reduzir significativamente as emissões de gases com efeito de estufa e outros poluentes que afectam a qualidade do ar nas áreas urbanas. De acordo com Banister (2018), os sistemas de transporte elétrico, em comparação com autocarros e comboios movidos a combustíveis fósseis, podem reduzir as emissões de carbono até 90%, contribuindo diretamente para os objectivos de sustentabilidade e saúde pública nas cidades. A

Organização Mundial de Saúde (2021) alertou que a poluição do ar é uma das principais causas de doenças respiratórias em ambientes urbanos, e o transporte público elétrico é apresentado como uma solução eficaz para mitigar esses efeitos e melhorar a saúde da população.

Os comboios e eléctricos eléctricos, em particular, são uma opção de alta capacidade que pode reduzir o congestionamento de veículos, proporcionando um meio de transporte rápido e fiável em longas distâncias. Além disso, ao funcionarem com eletricidade, estes sistemas geram menos ruído em comparação com os sistemas de combustão, o que melhora a qualidade de vida em ambientes urbanos e cria espaços mais silenciosos e habitáveis (Gossling, 2021). Os engenheiros civis desempenham um papel crucial na conceção destas infra-estruturas, assegurando que as redes de transporte elétrico estão bem integradas na paisagem urbana e são acessíveis à população.

Custos de funcionamento e eficiência energética

A longo prazo, os transportes públicos eléctricos podem também ser mais rentáveis devido a custos de funcionamento mais baixos. Embora o investimento inicial para estabelecer redes eléctricas e veículos eléctricos possa ser significativo, os custos operacionais dos comboios, eléctricos e autocarros eléctricos são muito inferiores aos dos seus equivalentes de combustão interna, devido à menor necessidade de manutenção e à eficiência dos motores eléctricos (Rodrigue, 2020). De acordo com um relatório da Agência Internacional da Energia (AIE, 2022), os motores eléctricos convertem cerca de 85-90% da energia em movimento, contra 20-30% dos motores de combustão interna, o que representa uma vantagem considerável em termos de eficiência energética.

Estas poupanças nos custos operacionais podem permitir que as cidades redireccionem recursos para melhorias nas infra-estruturas ou mesmo para reduções tarifárias, tornando os transportes públicos mais acessíveis a todos. No entanto, é fundamental que os engenheiros civis e os urbanistas colaborem na conceção de infra-estruturas eléctricas para suportar esta procura, incluindo o planeamento de estações de carregamento e de armazenamento de energia para evitar a sobrecarga da rede.

Inovações na tecnologia de baterias e de carregamento

Um dos principais desafios para a adoção dos transportes públicos eléctricos tem sido a tecnologia de armazenamento e carregamento de energia. As inovações nas baterias de iões de lítio e outros sistemas de armazenamento de energia estão a permitir que os autocarros eléctricos funcionem durante períodos mais longos com uma única carga, melhorando a viabilidade operacional destes veículos (Cohen & Shaheen, 2018). Além disso, tecnologias como carregamento rápido e sistemas de carregamento na estrada permitem que os veículos recarreguem suas baterias em estações específicas ou mesmo em movimento, aumentando a eficiência e reduzindo o tempo de inatividade.

Os sistemas de carregamento indutivo, que permitem o carregamento sem fios de veículos eléctricos utilizando campos electromagnéticos, estão também a começar a ser implementados em algumas cidades, permitindo que os autocarros e eléctricos sejam carregados sem a necessidade de fichas ou fios (Docherty et al., 2018). Estas tecnologias requerem infra-estruturas avançadas e bem planeadas, o que sublinha a importância da engenharia civil na conceção e instalação de sistemas de armazenamento e carregamento de energia eficientes, acessíveis e seguros.

Desafios de implementação e considerações urbanas

A implementação de transportes públicos eléctricos em áreas urbanas coloca alguns desafios logísticos e financeiros. Embora os benefícios a longo prazo sejam significativos, o investimento inicial para estabelecer uma rede de transportes eléctricos pode ser considerável e, em alguns casos, proibitivo para cidades com orçamentos limitados (Pucher & Buehler, 2019). Além disso, a adaptação da infraestrutura existente e a coordenação com a rede elétrica local representam desafios técnicos que devem ser abordados com um planeamento detalhado e uma colaboração eficaz entre engenheiros civis, governos e fornecedores de energia.

Outro desafio importante é a integração destes sistemas no espaço urbano sem afetar negativamente a paisagem ou a acessibilidade. Os engenheiros civis devem garantir que as infra-estruturas de transportes públicos eléctricos estão bem distribuídas e que os sistemas de carregamento são acessíveis e não ocupam demasiado espaço público, o que poderia prejudicar outras actividades urbanas. Ao considerar a conceção de estações de carregamento e de rotas de autocarros e eléctricos eléctricos, é essencial planear de forma a minimizar a perturbação do tráfego e maximizar a acessibilidade para todos os utilizadores.

Os transportes públicos eléctricos são uma solução poderosa para avançar no sentido da sustentabilidade urbana, oferecendo benefícios significativos em termos de redução de emissões, custos operacionais e qualidade de vida. No entanto, a sua implementação requer um planeamento meticuloso, um desenvolvimento avançado das infra-estruturas e uma adaptação cuidadosa ao ambiente urbano. Para os engenheiros civis, a conceção de sistemas de transportes públicos eléctricos representa não só um desafio técnico, mas também uma oportunidade de contribuir para a construção de cidades mais limpas, acessíveis e resilientes. A transição para os transportes públicos eléctricos é um investimento no futuro das nossas cidades e na saúde e bem-estar dos seus habitantes.

2.2 Ciclovias e sistemas de transporte não motorizados

Na procura de cidades mais sustentáveis, seguras e acessíveis, os sistemas de transporte não motorizados, como as bicicletas e os sistemas de ciclovias, ganharam destaque no planeamento urbano moderno. A promoção da mobilidade ativa não só reduz o congestionamento e a poluição dos veículos, como também melhora a saúde pública ao incentivar um estilo de vida mais ativo e saudável (Pucher & Buehler, 2019). Esta secção discute a conceção, os benefícios e os desafios da implementação de sistemas de transporte não motorizados em áreas urbanas, destacando a sua importância como parte de uma abordagem abrangente à mobilidade urbana sustentável.

Benefícios dos sistemas de transporte não motorizados

Os sistemas de transporte não motorizados, como as bicicletas e as trotinetas, oferecem benefícios significativos tanto para os utilizadores como para a cidade no seu conjunto. Do ponto de vista ambiental, a utilização de bicicletas e de outros modos não motorizados reduz as emissões de gases com efeito de estufa e diminui a poluição atmosférica, o que contribui para melhorar a qualidade ambiental das zonas urbanas (Banister, 2018). A mobilidade ativa também ajuda a aliviar o congestionamento do tráfego, especialmente nas horas de ponta, ao proporcionar uma alternativa aos veículos motorizados em distâncias curtas.

A nível individual, a mobilidade não motorizada melhora a saúde física e mental. De acordo com a Organização Mundial de Saúde (2021), actividades como andar de bicicleta e a pé podem reduzir o risco de doenças cardiovasculares e melhorar o bem-estar geral das pessoas. Além disso, os sistemas de transporte não motorizados são acessíveis, o que os torna uma opção viável para pessoas de todos os níveis socioeconómicos. Isto torna os sistemas de transporte não motorizados não só uma opção sustentável, mas também uma opção inclusiva, promovendo a equidade social nas cidades (Litman, 2021).

Conceção e infraestrutura das pistas para ciclistas

Para que os sistemas de transportes não motorizados funcionem eficazmente, é essencial que as cidades disponham de infra-estruturas adequadas e bem concebidas. As ciclovias, em particular, devem ser cuidadosamente planeadas para garantir a segurança e o conforto dos utilizadores. As ciclovias bem concebidas incluem faixas protegidas que separam os ciclistas do tráfego motorizado, sinalização adequada e passadeiras seguras que permitem aos ciclistas circular em segurança (Gossling, 2021).

Além disso, a conetividade é um aspeto fundamental da conceção das vias cicláveis. As redes de ciclovias devem estar bem ligadas entre si e a outras infra-estruturas de transportes, como estações de comboios ou autocarros, para facilitar a mobilidade multimodal. A criação de uma rede de ciclovias interligadas permite aos utilizadores deslocarem-se de forma mais eficiente e segura pela cidade, incentivando a utilização da bicicleta como meio de transporte diário. Para os engenheiros civis, isto implica um design que não só responda às necessidades dos ciclistas, mas também se integre harmoniosamente no ambiente urbano, minimizando a interferência com o tráfego de veículos e peões (Cohen & Shaheen, 2018).

Sistemas de partilha de bicicletas e acesso público

Os sistemas de partilha de bicicletas revolucionaram a mobilidade urbana ao tornarem as bicicletas facilmente acessíveis ao público em geral. Este tipo de sistema permite que os utilizadores aluguem bicicletas por um curto período de tempo e as devolvam em qualquer estação da rede, facilitando o acesso à mobilidade não motorizada sem a necessidade de possuir uma bicicleta (Shaheen & Cohen, 2019). Estes sistemas são particularmente úteis para complementar os transportes públicos na chamada "última milha", que liga os utilizadores das estações de transporte ao seu destino final.

O sucesso dos sistemas de partilha de bicicletas depende de uma infraestrutura bem planeada e de uma tecnologia eficiente que permita aos utilizadores localizar e aceder às bicicletas de forma rápida e conveniente. Os engenheiros civis desempenham um papel fundamental na implementação destes sistemas, assegurando que as estações de partilha de bicicletas estão estrategicamente localizadas e têm capacidade suficiente para satisfazer a procura. Além disso, a infraestrutura deve ser concebida para suportar uma utilização intensiva, minimizando o vandalismo e facilitando a manutenção das bicicletas e das estações.

Desafios da implementação e da mudança cultural

Embora os benefícios da mobilidade não motorizada sejam claros, a sua implementação nas cidades não está isenta de desafios. Um dos principais obstáculos é a cultura de mobilidade baseada no automóvel que prevalece em muitas cidades e que torna menos comum a utilização de bicicletas e de outros modos não motorizados. Mudar esta mentalidade exige campanhas de sensibilização e infraestruturas que garantam a segurança dos utilizadores, uma vez que muitas pessoas têm relutância em andar de bicicleta em cidades com tráfego automóvel denso (Pucher & Buehler, 2019).

Além disso, a criação de infra-estruturas, como ciclovias e estações de partilha de bicicletas, exige investimentos consideráveis, o que pode ser um desafio em cidades com recursos limitados. Para os engenheiros civis, isto significa conceber soluções de transporte não motorizado que sejam economicamente viáveis e que maximizem a utilização do espaço urbano, integrando-se eficazmente no ambiente e gerando benefícios a longo prazo. A nível regulamentar, é também importante que as cidades implementem regulamentos e políticas de segurança que protejam os utilizadores destes sistemas e promovam a sua utilização responsável.

Os sistemas de transporte não motorizados e as ciclovias representam uma estratégia eficaz para avançar no sentido de uma mobilidade urbana mais sustentável, equitativa e saudável . Através de infra-estruturas bem concebidas e de sistemas de partilha de bicicletas acessíveis, as cidades podem reduzir o congestionamento e as emissões, incentivando simultaneamente uma vida mais ativa e acessível a todos os cidadãos. Para os engenheiros civis, a conceção dessas infra-estruturas não é apenas um desafio técnico, mas também um compromisso com o bem-estar da comunidade e a criação de cidades mais inclusivas e resistentes. À medida que a mobilidade urbana evolui, os sistemas de transporte não motorizados são uma parte essencial da construção de um futuro urbano sustentável.

2.3 Redução das emissões e eficiência energética nos transportes

Num mundo cada vez mais empenhado na sustentabilidade e na atenuação das alterações climáticas, a redução das emissões e a eficiência energética nos transportes tornaram-se prioridades fundamentais. Como o sector dos transportes é uma das principais fontes de emissões de gases com efeito de estufa, a conceção de sistemas de transportes que reduzam a dependência dos combustíveis fósseis e optimizem a utilização da energia é essencial para criar cidades mais limpas e saudáveis (Agência Internacional da Energia [AIE], 2022). Esta secção explora estratégias e tecnologias para reduzir as emissões e aumentar a eficiência energética nos transportes, destacando o papel crucial dos engenheiros civis na implementação de soluções sustentáveis e resilientes.

Impacto ambiental dos transportes urbanos

Os transportes urbanos têm um impacto significativo no ambiente. As emissões de dióxido de carbono (CO2) e de outros poluentes, como o monóxido de carbono e o óxido de azoto, são responsáveis pela poluição atmosférica e contribuem para o aquecimento global (Banister, 2018). Em áreas urbanas densamente povoadas, a concentração desses poluentes afeta diretamente a saúde pública, aumentando o risco de doenças respiratórias e cardiovasculares entre os habitantes (Organização Mundial da Saúde, 2021). Por isso, a redução das emissões é fundamental não só para a sustentabilidade ambiental, mas também para a proteção da saúde pública.

Para os engenheiros civis, este desafio implica um planeamento cuidadoso e a implementação de infra-estruturas que promovam a utilização de energias limpas e reduzam a dependência dos transportes motorizados. Isto inclui a conceção de sistemas de transportes públicos eficientes, a criação de zonas de baixas emissões e a incorporação de infra-estruturas de apoio para veículos eléctricos, tais como estações de carregamento (Gossling, 2021).

Eletrificação dos transportes públicos e privados

A eletrificação é uma das estratégias mais eficazes para reduzir as emissões nos transportes. Os veículos eléctricos (VEs), tanto públicos como privados, produzem emissões significativamente mais baixas do que os veículos com motores de combustão interna, especialmente se forem alimentados por eletricidade gerada a partir de fontes renováveis (Rodrigue, 2020). Nos transportes públicos, a adoção de autocarros eléctricos e de eléctricos electrificados reduz a pegada de carbono e melhora a eficiência energética, enquanto os VE privados representam uma alternativa de baixo impacto para os condutores individuais (Agência Internacional da Energia [AIE], 2022).

A conceção e instalação de postos de carregamento é essencial para apoiar a transição para a eletrificação. As estações de carregamento rápido em pontos estratégicos da cidade permitem

Os veículos eléctricos podem recarregar as suas baterias em menos tempo, facilitando a sua utilização tanto em viagens longas como nos transportes urbanos diários. Os engenheiros civis têm a responsabilidade de planear e conceber estas infra-estruturas, garantindo a sua boa distribuição e acessibilidade nas zonas urbanas e suburbanas.

Promover a mobilidade ativa e partilhada

Para além da eletrificação, a promoção da mobilidade ativa e da partilha de boleias é outra forma eficaz de reduzir as emissões. A mobilidade ativa, como andar de bicicleta e a pé, não só é zero emissões, como também melhora a saúde pública e reduz o congestionamento do tráfego (Pucher & Buehler, 2019). As cidades que concebem infraestruturas adequadas para a mobilidade ativa, como ciclovias e zonas pedonais, estão a ajudar a reduzir o número de veículos motorizados nas ruas, o que reduz as emissões globais e contribui para um ambiente urbano mais saudável.

Os sistemas de partilha de boleias, como a partilha de automóveis e a partilha de boleias, também podem reduzir as emissões ao reduzir o número de veículos privados na estrada. De acordo com Cohen e Shaheen (2018), um único veículo partilhado pode substituir 5-10 carros particulares, resultando numa diminuição significativa das emissões e da utilização de energia nos transportes urbanos. Para os engenheiros civis, o desafio é criar uma infraestrutura que apoie tanto a mobilidade ativa como o transporte partilhado, o que implica a construção de estações de bicicletas, áreas de espera para serviços de partilha de boleias e espaços de estacionamento para veículos partilhados.

Inovação tecnológica e eficiência energética

A inovação tecnológica é fundamental para melhorar a eficiência energética nos transportes. Os avanços nos motores eléctricos, nas baterias de longa duração e nos sistemas de recuperação de energia estão a permitir que os veículos utilizem menos energia e produzam menos emissões. Por exemplo, os sistemas de travagem regenerativa em veículos eléctricos captam a energia gerada durante a travagem e armazenam-na em baterias, aumentando a eficiência energética do veículo (Cohen & Shaheen, 2018).

Outra inovação significativa é a utilização da inteligência artificial (IA) e da análise de dados para otimizar os fluxos de tráfego e reduzir o consumo de combustível. Os sistemas de gestão do tráfego em tempo real podem ajustar dinamicamente os semáforos e as rotas para reduzir o congestionamento e melhorar a eficiência dos veículos em movimento (Docherty et al., 2018). Estas tecnologias requerem infra-estruturas avançadas de dados e comunicações, o que representa um novo campo de oportunidades para os engenheiros civis na implementação de sistemas de transporte inteligentes e eficientes.

A redução das emissões e a melhoria da eficiência energética nos transportes são componentes essenciais da sustentabilidade urbana. Ao eletrificar os transportes, promover a mobilidade ativa e partilhada e adotar inovações tecnológicas, as cidades podem reduzir a sua pegada de carbono e melhorar a qualidade de vida dos seus habitantes. Para os engenheiros civis, conceber e implementar estas soluções representa uma oportunidade de liderar o caminho para transportes urbanos mais limpos, mais eficientes e sustentáveis. A transição para um sistema de transportes de baixo impacto ambiental é fundamental para o futuro das nossas cidades e do planeta.

2.4 Mobilidade partilhada: partilha de automóveis, partilha de boleias e micromobilidade

A mobilidade partilhada surgiu como uma das soluções mais inovadoras para os desafios do congestionamento, da poluição e da eficiência nas cidades modernas. Este modelo de transporte baseia-se na partilha de veículos, desde carros a bicicletas e trotinetas eléctricas, permitindo aos cidadãos aceder a meios de transporte sem possuírem veículo próprio. Esta tendência, impulsionada por plataformas digitais e pela procura de opções de mobilidade flexíveis, está a transformar a forma como nos deslocamos, melhorando a acessibilidade e reduzindo a dependência de veículos privados (Cohen & Shaheen, 2018). Esta secção explora os diferentes tipos de mobilidade partilhada, os seus benefícios e desafios, e o papel dos engenheiros civis na criação de infra-estruturas que apoiem este modelo.

Car-sharing: uma alternativa ao automóvel particular

O car-sharing permite aos utilizadores alugar veículos à hora ou mesmo ao minuto, em vez de terem de comprar o seu próprio carro. Este modelo é ideal para pessoas que necessitam de um veículo apenas ocasionalmente e que procuram evitar os custos e a manutenção associados à propriedade de um automóvel. De acordo com estudos, cada veículo de partilha de automóveis pode substituir entre 7 e 11 automóveis particulares na estrada, reduzindo significativamente o número de veículos na estrada e, consequentemente, o congestionamento e as emissões (Shaheen & Cohen, 2019).

Os engenheiros civis desempenham um papel crucial no desenvolvimento de infra-estruturas que facilitam a utilização da partilha de automóveis, como a criação de estacionamento dedicado e de estações de carregamento para veículos eléctricos partilhados. Além disso, a integração de sistemas de pagamento e de gestão digital torna estes serviços fáceis de utilizar e acessíveis ao público. No contexto do planeamento urbano, a partilha de automóveis também ajuda a libertar espaço urbano que, de outra forma, seria utilizado para estacionamento, permitindo uma distribuição mais eficiente do espaço nas cidades (Litman, 2021).

Partilha de boleias: Eficiência e redução de emissões

A partilha de boleias liga condutores que já estão a planear uma viagem a outros passageiros que têm o mesmo destino ou um destino semelhante. Plataformas como a Uber e a Lyft popularizaram este modelo, permitindo que as pessoas partilhem boleias e dividam os custos. A partilha de boleias não só oferece uma alternativa económica e conveniente ao automóvel particular, como também reduz o número total de veículos na estrada, o que reduz o congestionamento e as emissões (Docherty et al., 2018).

Além disso, a partilha de boleias melhora a eficiência energética nos transportes urbanos, maximizando a utilização de cada veículo e reduzindo os quilómetros percorridos em vazio. No entanto, para que a partilha de boleias tenha um impacto positivo no tráfego e nas emissões, é essencial que esteja bem regulamentada e devidamente integrada no ecossistema dos transportes urbanos. Os engenheiros civis devem trabalhar em colaboração com as autoridades para conceber infra-estruturas e regulamentos que apoiem a utilização segura e eficiente da partilha de boleias, incluindo áreas de espera e áreas designadas de recolha e entrega (Banister, 2018).

Micromobilidade: bicicletas e trotinetas eléctricas partilhadas

A micromobilidade, incluindo a partilha de bicicletas e as trotinetas eléctricas, tornou-se uma opção de transporte popular nas cidades modernas. Estes veículos leves e de curta distância permitem aos utilizadores deslocarem-se de forma rápida e ecológica, especialmente para viagens de última milha ou de curta distância. A micromobilidade não só reduz o congestionamento e as emissões, como também promove a atividade física e melhora a acessibilidade em áreas densamente urbanizadas (Pucher & Buehler, 2019).

Os engenheiros civis têm a responsabilidade de conceber infra-estruturas adequadas para apoiar a micromobilidade, incluindo ciclovias seguras, estações de carregamento e estacionamento dedicado para bicicletas e trotinetas. Além disso, a gestão do espaço público deve ter em conta a necessidade de manter os passeios e as ruas livres de obstruções, evitando que os veículos da micromobilidade se acumulem em zonas de elevado tráfego pedonal. Um planeamento e regulamentação cuidadosos são essenciais para integrar a micromobilidade de forma eficaz e segura no ambiente urbano (Gossling, 2021).

Desafios e oportunidades na mobilidade partilhada

Embora a mobilidade partilhada ofereça múltiplos benefícios, a sua implementação não está isenta de desafios. Um dos principais obstáculos é a regulamentação, uma vez que a proliferação de veículos partilhados, especialmente no caso da micro-mobilidade, pode levar a problemas de segurança e de congestionamento nas zonas pedonais (Shaheen & Cohen, 2019). As cidades precisam de estabelecer regulamentos claros para garantir a utilização segura e ordenada dos veículos de partilha de boleias, e os engenheiros civis precisam de conceber infra-estruturas que minimizem os impactos negativos no espaço público.

Outro desafio é a equidade de acesso. Em muitas cidades, a mobilidade partilhada tende a concentrar-se em áreas centrais e de elevado nível socioeconómico, limitando a sua acessibilidade às comunidades de baixo rendimento ou periféricas. Para resolver esta desigualdade, os decisores políticos e planeadores urbanos devem considerar incentivos e políticas que promovam a expansão da mobilidade partilhada em áreas menos acessíveis, garantindo que todos os cidadãos possam beneficiar destas alternativas de transporte (Cohen & Shaheen, 2018).

No entanto, a mobilidade partilhada representa também uma grande oportunidade para a sustentabilidade e a eficiência dos transportes urbanos. Apoiada por inovações tecnológicas e infra-estruturas adequadas, a mobilidade partilhada pode reduzir significativamente o número de veículos na estrada, melhorar a eficiência energética e contribuir para a criação de cidades mais habitáveis e sustentáveis. Para os engenheiros civis, isto implica não só a conceção de infra-estruturas, mas também a implementação de soluções integradas e sustentáveis que optimizem a utilização do espaço urbano e reduzam o impacto ambiental dos transportes.

A mobilidade partilhada, nas suas várias formas - car-sharing, ride-sharing e micro-mobilidade - é uma parte fundamental da construção de um sistema de transportes urbanos mais eficiente, acessível e sustentável. Através de infra-estruturas bem planeadas e de regulamentação adequada, os engenheiros civis podem apoiar a adoção destes modelos de transporte partilhado, que não só optimizam a utilização dos recursos, como também melhoram a qualidade de vida nas cidades. A mobilidade partilhada representa uma mudança na forma como entendemos os transportes, desafiando a dependência do automóvel particular e promovendo uma mobilidade urbana mais flexível e amiga do ambiente.

2.5 Implementação de sistemas de pagamento inteligentes e acessíveis

No contexto da mobilidade urbana moderna, a implementação de sistemas de pagamento inteligentes e acessíveis tornou-se fundamental para melhorar a experiência do utilizador e otimizar a eficiência dos sistemas de transporte. Estes sistemas permitem que os utilizadores acedam a múltiplos modos de transporte através de plataformas digitais integradas, eliminando a necessidade de transportar dinheiro e simplificando o processo de pagamento (Cohen & Shaheen, 2018). Esta secção explora a forma como os sistemas de pagamento inteligente contribuem para a acessibilidade e eficiência dos transportes urbanos, bem como o papel dos engenheiros civis no planeamento e implementação destas infra-estruturas tecnológicas.

Facilitar o acesso à mobilidade multimodal

Os sistemas de pagamento inteligentes permitem uma integração perfeita entre diferentes modos de transporte, facilitando a utilização de opções multimodais como o comboio, o autocarro, a partilha de bicicletas e a partilha de boleias numa única aplicação (Litman, 2021). A mobilidade como serviço (MaaS) permite aos utilizadores planear, reservar e pagar as suas viagens através de uma única plataforma, tornando a experiência de transporte mais eficiente e acessível (Docherty et al., 2018). Esta integração reduz as barreiras à entrada para os utilizadores e incentiva a utilização de modos de transporte mais sustentáveis.

Para os engenheiros civis, o desenvolvimento destas plataformas exige uma infraestrutura digital adequada, incluindo sistemas de pagamento unificados e redes de dados robustas. Isto garante que os sistemas de pagamento funcionem continuamente e sem interrupções, mesmo em zonas densamente povoadas ou durante as horas de ponta. Além disso, a implementação de plataformas multimodais reduz a necessidade de carros particulares , contribuindo para o descongestionamento e a redução de emissões nas cidades (Cohen & Shaheen, 2018).

Eficiência operacional e redução de custos

Os sistemas de pagamento inteligentes também contribuem para a eficiência operacional dos sistemas de transportes públicos. Ao digitalizar o processo de pagamento, os sistemas de transporte reduzem a quantidade de dinheiro manuseado e minimizam o tempo de espera dos passageiros. De acordo com estudos, a implementação de sistemas de pagamento sem contacto, como cartões inteligentes e aplicações móveis, permitiu que os tempos de espera nos transportes públicos diminuíssem até 30 %, o que otimiza o fluxo de passageiros e reduz os custos operacionais (Shaheen & Cohen, 2019).

Além disso, estes sistemas permitem às agências de transportes recolher dados em tempo real sobre o comportamento dos utilizadores, o que facilita um planeamento mais preciso dos itinerários, frequências e horários (Banister, 2018). Esta capacidade analítica melhora a eficiência do sistema e permite que os serviços sejam ajustados de acordo com a procura, maximizando os recursos disponíveis. Os engenheiros civis desempenham um papel importante na conceção e implementação destes sistemas, garantindo que as infra-estruturas de pagamento são seguras, eficientes e acessíveis a todos os utilizadores.

Acessibilidade e inclusão social

A acessibilidade é um dos principais benefícios dos sistemas de pagamento inteligente, uma vez que permitem que todos os cidadãos, independentemente da sua localização geográfica ou estatuto socioeconómico, tenham acesso aos serviços de transporte. Os sistemas de pagamento inteligente podem ser concebidos para oferecer tarifas reduzidas ou descontos a grupos específicos, como estudantes, idosos e pessoas com baixos rendimentos, o que promove a equidade e a inclusão social nos transportes urbanos (Gossling, 2021).

Além disso, a digitalização dos pagamentos reduz os obstáculos para as pessoas que não têm dinheiro ou que preferem métodos de pagamento mais seguros e modernos. No entanto, a implementação destes sistemas deve também ter em conta as pessoas que não têm acesso a smartphones ou cartões bancários. Para os engenheiros civis , o desafio é criar soluções de pagamento inclusivas que permitam a participação de toda a população, incluindo sistemas alternativos para aqueles que não têm acesso a tecnologia avançada ou que preferem métodos de pagamento tradicionais.

Segurança e privacidade nos sistemas de pagamento

Um dos principais desafios na implementação de sistemas de pagamento inteligentes é garantir a segurança e a privacidade dos dados dos utilizadores. A digitalização dos pagamentos implica a recolha e a gestão de grandes volumes de dados pessoais e financeiros, o que exige medidas de segurança avançadas para evitar fraudes e perdas de informação (Rodrigue, 2020). Os engenheiros civis e urbanistas devem trabalhar em conjunto com especialistas em cibersegurança para desenvolver infra-estruturas de pagamento que protejam as informações dos utilizadores e cumpram os regulamentos em matéria de privacidade.

Para além da segurança, a privacidade é também uma preocupação crescente entre os utilizadores de plataformas de pagamento digital. A recolha de dados sobre os hábitos de viagem pode ser benéfica para o planeamento urbano, mas também apresenta riscos em termos de privacidade individual. Por conseguinte, os sistemas de pagamento inteligentes devem ser transparentes e permitir que os utilizadores controlem as informações que partilham e a forma como são utilizadas. A confiança na privacidade e na segurança destes sistemas é crucial para promover a adoção em massa e garantir que os utilizadores se sintam confortáveis a utilizar estas tecnologias (Cohen & Shaheen, 2018).

A implementação de sistemas de pagamento inteligentes e acessíveis é uma ferramenta poderosa para transformar a mobilidade urbana, tornando-a mais eficiente, acessível e adaptada às necessidades dos utilizadores. Ao permitir a integração dos modos de transporte, reduzir os custos operacionais e melhorar a acessibilidade, estes sistemas representam um passo significativo para um transporte urbano mais inclusivo e sustentável. Para os engenheiros civis, a conceção destas infra-estruturas tecnológicas oferece uma oportunidade para melhorar a experiência de mobilidade e contribuir para a criação de cidades mais conectadas e seguras. Com um enfoque na segurança, privacidade e acessibilidade, os sistemas de pagamento inteligentes são um elemento-chave na visão de um transporte urbano do futuro, combinando eficiência e equidade.

Capítulo 3: Planeamento urbano e da utilização dos solos

O planeamento urbano é a espinha dorsal de qualquer cidade eficiente, inclusiva e sustentável. Cada espaço, cada rua e cada edifício faz parte de uma conceção global que define a forma como as pessoas, os serviços e o ambiente interagem. Neste contexto, o planeamento e a utilização dos solos tornam-se ferramentas fundamentais para resolver os problemas urbanos actuais e antecipar as necessidades futuras das cidades. Num mundo que caminha rapidamente para a urbanização, o planeamento urbano já não é apenas a construção de infra-estruturas físicas; é uma ciência complexa que integra aspectos sociais, económicos, ambientais e tecnológicos, todos alinhados com o objetivo de melhorar a qualidade de vida dos habitantes. Este capítulo, intitulado **"Planeamento Urbano e Utilização dos Solos"**, fornece um mergulho profundo nos princípios, estratégias e práticas que os engenheiros civis e urbanistas podem utilizar para criar cidades mais habitáveis e resilientes.

O conceito de planeamento urbano abrange desde a organização do espaço até à atribuição de recursos e à construção de infra-estruturas. Na sua essência, o planeamento urbano procura otimizar a utilização dos solos, equilibrando o crescimento urbano com a conservação dos espaços verdes e a utilização sustentável dos recursos naturais. No entanto, o planeamento moderno também enfrenta desafios sem precedentes, como a densidade crescente das populações urbanas, a necessidade de cidades sustentáveis e resilientes face às alterações climáticas e a inclusão da tecnologia nos espaços urbanos. Para os engenheiros civis e urbanistas, o planeamento urbano é um domínio em constante evolução que exige uma adaptação contínua e uma visão inovadora.

Um planeamento urbano abrangente vai muito além da construção de edifícios e estradas. Hoje em dia, a disciplina está profundamente ligada à sustentabilidade, à justiça social e ao desenvolvimento económico. As cidades bem planeadas proporcionam espaços acessíveis a todos, promovem o desenvolvimento de comunidades interligadas e criam ambientes que são simultaneamente habitáveis e produtivos. O planeamento também tem o potencial de abordar questões de desigualdade social, distribuindo recursos e serviços de forma equitativa, proporcionando acesso a transportes, educação, saúde e oportunidades de emprego a todos os habitantes, independentemente da sua localização na cidade (Banister, 2018).

Uma cidade bem planeada não só beneficia os seus residentes, como também impulsiona a economia ao criar um ambiente atrativo para as empresas, o turismo e o investimento. Além disso, um planeamento abrangente garante que os recursos são utilizados de forma eficiente, minimizando o desperdício e o impacto ambiental. Nesta perspetiva, os engenheiros civis desempenham um papel vital na implementação de soluções que maximizam a utilização dos solos e melhoram a conetividade e a acessibilidade nas cidades.

Densificação e desenvolvimento de cidades compactas

Uma das tendências mais relevantes no planeamento urbano atual é a densificação e o desenvolvimento de cidades compactas. Em vez de se expandirem para as periferias, muitas cidades estão a optar por crescer "para dentro", aumentando a densidade nas áreas urbanas existentes para maximizar os recursos e reduzir a dependência do automóvel. Este modelo, que inclui conceitos como a "cidade de 15 minutos" - onde os habitantes têm acesso a todos os serviços essenciais num raio de 15 minutos a pé ou de bicicleta - permite uma maior sustentabilidade e eficiência na utilização do solo (Moreno et al., 2021).

O desenvolvimento de cidades compactas implica um planeamento urbano cuidadoso para evitar a sobrecarga de infra-estruturas e serviços e para garantir que as zonas densificadas sejam dotadas de espaços verdes e recreativos. A criação de cidades compactas responde também a uma necessidade de mudança cultural no sentido de estilos de vida mais sustentáveis, incentivando a mobilidade ativa e a utilização de espaços partilhados. Para os engenheiros civis, isto significa uma ênfase na conceção de infra-estruturas multifuncionais e na maximização dos recursos para evitar a expansão e os problemas associados às periferias urbanas.

3.1 Princípios do planeamento urbano sustentável

O planeamento urbano sustentável é uma abordagem que procura satisfazer as necessidades das cidades de hoje sem comprometer a capacidade das gerações futuras de satisfazerem as suas próprias necessidades. No contexto do rápido crescimento urbano, das alterações climáticas e das limitações de recursos, a sustentabilidade no planeamento urbano tornou-se uma prioridade. Esta disciplina integra fatores ambientais, sociais e económicos na conceção e gestão dos espaços urbanos, criando um ambiente equilibrado que otimiza os recursos, reduz o impacto ambiental e melhora a qualidade de vida dos habitantes (Banister, 2018). Esta secção explora os princípios fundamentais do planeamento urbano sustentável e a sua aplicação na conceção de cidades resilientes, inclusivas e eficientes.

Utilização eficiente do solo e gestão do crescimento urbano

Um dos princípios centrais do planeamento urbano sustentável é a utilização eficiente do solo. À medida que as cidades crescem, é essencial evitar a expansão descontrolada que consome terras agrícolas, florestas e zonas naturais. Este fenómeno, conhecido como "urbanização horizontal" ou "expansão urbana", conduz a uma série de problemas, como o aumento das distâncias de transporte, a fragmentação do habitat natural e o aumento do consumo de energia e de água (Litman, 2021). Em vez de se expandirem para as periferias, as cidades sustentáveis optam pela densificação controlada e pelo desenvolvimento "para dentro", promovendo a construção nas áreas urbanas existentes para maximizar a utilização das infra-estruturas e serviços estabelecidos.

A criação de cidades compactas, onde os residentes podem aceder a serviços básicos, transportes e emprego sem a necessidade de longas deslocações, é uma estratégia fundamental para a sustentabilidade urbana. A ideia da "cidade de 15 minutos" é um exemplo desta abordagem, propondo que os cidadãos possam satisfazer a maior parte das suas necessidades quotidianas a uma curta distância de casa (Moreno et al., 2021). Este modelo reduz a dependência do automóvel e incentiva a mobilidade ativa, o que, por sua vez, reduz as emissões e o tráfego, melhorando a qualidade de vida no ambiente urbano. Para os engenheiros civis, isto significa conceber infra-estruturas multifuncionais que façam o melhor uso do espaço urbano e promovam uma coexistência segura e eficiente entre peões, ciclistas e veículos.

Proteção dos recursos naturais e das zonas verdes

A preservação das zonas verdes e dos recursos naturais é outro pilar do planeamento urbano sustentável. Os parques, jardins e reservas naturais das cidades não só proporcionam espaços de recreio e lazer, como também contribuem para melhorar a qualidade do ar, regular a temperatura e gerir as águas pluviais (Gossling, 2021). Estas zonas verdes funcionam como "pulmões" urbanos que ajudam a atenuar os efeitos das alterações climáticas, reduzindo as ilhas de calor e absorvendo os gases poluentes.

O planeamento sustentável inclui também a proteção de massas de água, zonas húmidas e outros recursos naturais críticos para a biodiversidade e a resiliência ambiental das cidades. A implementação de sistemas de drenagem urbana sustentável (SUDS), como jardins de chuva e lagoas de retenção, permite uma gestão eficiente da água, evitando inundações e melhorando a absorção de água nas zonas urbanas. Para os engenheiros civis, o desafio é incorporar estas infra-estruturas verdes no desenho urbano, integrando-as de forma a que não só cumpram uma função estética, mas também proporcionem benefícios ambientais e climáticos a longo prazo (Rodrigue, 2020).

Promover a mobilidade sustentável

A mobilidade sustentável é um princípio fundamental no planeamento urbano, uma vez que os transportes são uma das principais fontes de emissão de gases com efeito de estufa nas cidades. Fomentar a mobilidade sustentável envolve a criação de infra-estruturas que promovam a utilização de modos de transporte amigos do ambiente, como os transportes públicos, a bicicleta e a mobilidade pedonal (Cohen & Shaheen, 2018). O planeamento urbano sustentável procura reduzir a dependência do automóvel particular, promovendo redes de transportes públicos eficientes e bem conectadas que permitam aos cidadãos deslocarem-se facilmente e sem necessidade de veículos pessoais.

A mobilidade ativa, como andar de bicicleta e a pé, é também uma componente essencial da mobilidade sustentável, uma vez que não só reduz as emissões, como também melhora a saúde e o bem-estar da população. Para os engenheiros civis, a conceção de redes de ciclovias seguras, passeios largos e zonas pedonais interligadas é essencial para incentivar a utilização da mobilidade ativa. Além disso, a criação de zonas de baixas emissões e a implementação de tecnologias de mobilidade inteligentes, como os sistemas de pagamento digital e a gestão do tráfego em tempo real, contribuem para reduzir o congestionamento e otimizar a utilização dos recursos energéticos (Banister, 2018).

Inclusão e igualdade de acesso a serviços e recursos

A equidade e a inclusão sociais são princípios fundamentais do planeamento urbano sustentável. As cidades devem ser acessíveis e oferecer igualdade de oportunidades a todos os seus habitantes, independentemente da sua localização geográfica, estatuto socioeconómico ou condição física. Isso implica distribuir serviços e recursos de forma equitativa, garantindo que todas as áreas da cidade, incluindo periferias e áreas de baixa renda, tenham acesso a transporte, educação, saúde e espaços recreativos (Pucher & Buehler, 2019).

Para os engenheiros civis, isto significa conceber infra-estruturas que sejam acessíveis e seguras para todos, incluindo rampas e acessos para pessoas com deficiência, espaços públicos seguros e áreas de lazer inclusivas. O planeamento inclusivo também significa garantir que os projectos de desenvolvimento urbano não resultem em deslocações forçadas ou exclusão social, mas contribuam para a coesão da comunidade e o bem-estar de todos os cidadãos. A equidade no planeamento urbano é essencial para criar cidades onde todos os habitantes possam prosperar e desfrutar de uma boa qualidade de vida (Gossling, 2021).

Os princípios do planeamento urbano sustentável são guias fundamentais para enfrentar os desafios do crescimento urbano no século XXI. Através de uma utilização eficiente do solo, da preservação dos recursos naturais, da promoção da mobilidade sustentável e da equidade no acesso aos serviços, o planeamento urbano pode criar ambientes urbanos habitáveis, resistentes e ambientalmente responsáveis. Para os engenheiros civis, aplicar estes princípios significa projetar cidades que não só satisfaçam os requisitos técnicos, mas também contribuam para o bem-estar e a sustentabilidade das comunidades. O planeamento urbano sustentável não é apenas uma estratégia; é um compromisso com o futuro das nossas cidades e com a qualidade de vida das gerações vindouras.

3.2 Zonas urbanas, suburbanas e rurais: caraterísticas e ligações

O planeamento urbano incide não só na configuração das cidades, mas também na integração harmoniosa entre as zonas urbanas, suburbanas e rurais. Cada uma destas zonas tem caraterísticas e necessidades únicas que devem ser consideradas no contexto do crescimento e desenvolvimento da cidade. As zonas urbanas representam os centros da atividade económica e social, enquanto as zonas suburbanas e rurais desempenham frequentemente um papel complementar, fornecendo habitação, recursos e espaços verdes. No entanto, as ligações e o planeamento destas áreas são fundamentais para criar um sistema de desenvolvimento regional equilibrado e funcional. Esta secção explora as caraterísticas de cada tipo de zona e analisa a forma como o planeamento integrado permite que as zonas urbanas, suburbanas e rurais se liguem e beneficiem umas das outras.

Caraterísticas e funções das zonas urbanas

As zonas urbanas são o coração da atividade económica, social e cultural. Nestas zonas, frequentemente muito densas, encontra-se a maior parte dos serviços e infra-estruturas essenciais, como hospitais, escolas, redes de transportes e centros comerciais. Nas zonas urbanas, a eficiência na utilização do espaço é fundamental e a conceção deve maximizar a funcionalidade de cada área para satisfazer as exigências de uma população grande e diversificada (Banister, 2018). No entanto, o rápido crescimento urbano apresenta desafios significativos, como o congestionamento, a poluição e a falta de espaços verdes.

O planeamento sustentável nas zonas urbanas centra-se na otimização da utilização dos solos, na promoção da densificação e no desenvolvimento de cidades compactas. Isto inclui a criação de espaços multifuncionais e a integração de tecnologias avançadas para melhorar a gestão dos recursos e a mobilidade urbana. Para os engenheiros civis, isto implica a conceção de infra-estruturas eficientes e sustentáveis que permitam um fluxo contínuo de pessoas e bens, melhorem a conetividade e minimizem o impacto ambiental das actividades urbanas (Litman, 2021).

Zonas suburbanas: a expansão da cidade

As zonas suburbanas, situadas na periferia das zonas urbanas, combinam frequentemente caraterísticas urbanas e rurais. Originalmente, as zonas suburbanas foram desenvolvidas como espaços residenciais para aqueles que procuravam escapar à densidade e ao ritmo acelerado das cidades, mas que, ao mesmo tempo, desejavam estar perto dos centros urbanos para obter emprego e serviços. No entanto, o crescimento suburbano não planeado conduziu a problemas como a expansão urbana descontrolada, o aumento da dependência do automóvel e o consumo de recursos naturais à medida que as cidades se expandem horizontalmente (Gossling, 2021).

O planeamento de zonas suburbanas sustentáveis exige uma abordagem que equilibre a necessidade de habitação a preços acessíveis e de espaços verdes com a proximidade de serviços essenciais e a promoção da mobilidade sustentável. Isto inclui a criação de redes de transportes públicos que liguem efetivamente as zonas suburbanas aos centros urbanos e reduzam a dependência do automóvel. Além disso, a conceção de infra-estruturas de mobilidade ativa, como ciclovias e percursos pedestres, ajuda a promover estilos de vida saudáveis e a reduzir as emissões nestas zonas. Os engenheiros civis desempenham um papel fundamental no planeamento de zonas suburbanas que integram a sustentabilidade e a conetividade, assegurando um desenvolvimento que não comprometa o ambiente natural nem crie uma dependência excessiva dos recursos (Pucher & Buehler, 2019).

Zonas rurais: ligação com o ambiente e os recursos naturais

As zonas rurais, embora menos densas, são essenciais para o bem-estar das zonas urbanas e suburbanas, uma vez que fornecem frequentemente alimentos, água, energia e outros recursos naturais. Além disso, as zonas rurais proporcionam espaços recreativos e de conservação essenciais para o equilíbrio ecológico e o turismo. No entanto, as zonas rurais enfrentam frequentemente problemas como a falta de acesso a serviços, infra-estruturas limitadas e despovoamento devido à migração para as cidades em busca de emprego e oportunidades (Rodrigue, 2020).

Para assegurar ligações eficazes entre as zonas rurais e urbanas, o planeamento deve centrar-se na melhoria das redes e infra-estruturas de transportes, facilitando o acesso a serviços básicos como a saúde, a educação e a comunicação. A criação de corredores rurais-urbanos permite que os produtos e serviços circulem eficazmente entre estas zonas, promovendo um desenvolvimento económico equilibrado e um acesso mais equitativo às oportunidades. Os engenheiros civis têm um papel essencial a desempenhar na conceção de estradas e redes de transportes sustentáveis que liguem as zonas rurais aos centros urbanos, preservando simultaneamente o ambiente natural e minimizando o impacto ambiental.

Conectividade e Planeamento Integrado entre Zonas

A conetividade entre as zonas urbanas, suburbanas e rurais é essencial para o desenvolvimento regional sustentável e a coesão social. O planeamento integrado permite que cada zona complemente e apoie as outras, criando uma rede interdependente que maximiza os benefícios de cada tipo de zona. As zonas urbanas dependem dos recursos das zonas rurais, enquanto as zonas suburbanas actuam como pontes entre estes dois espaços, oferecendo uma combinação de infra-estruturas urbanas e ambiente natural (Cohen & Shaheen, 2018).

O desenvolvimento de corredores de transporte e de redes de mobilidade que liguem estas áreas é essencial para reduzir o tempo de deslocação, otimizar o fluxo de bens e serviços e reduzir as emissões de gases com efeito de estufa (Banco Interamericano de Desenvolvimento [BID], 2023). Além disso, a implementação de zonas-tampão entre as zonas urbanas e rurais pode ajudar a preservar a biodiversidade e limitar a expansão urbana descontrolada. Para os engenheiros civis, o planeamento integrado implica a conceção de infra-estruturas que respeitem as caraterísticas e necessidades específicas de cada zona, promovendo um desenvolvimento equilibrado e sustentável que beneficie todos os habitantes.

O planeamento das zonas urbanas, suburbanas e rurais deve ser entendido como um sistema interligado em que cada zona tem uma função única e complementar. A criação de uma rede coesa que optimize as caraterísticas e os recursos de cada tipo de zona é fundamental para o desenvolvimento sustentável e equilibrado das regiões urbanas. Para os engenheiros civis, o desafio é conceber infra-estruturas que facilitem a conetividade e respeitem as particularidades de cada zona, garantindo um equilíbrio entre crescimento económico, sustentabilidade ambiental e bem-estar social. O planeamento urbano integrado é uma ferramenta poderosa para criar comunidades resilientes e equitativas, capazes de prosperar num ambiente cada vez mais interdependente.

3.3 Integração de espaços públicos e zonas verdes

A integração de espaços públicos e zonas verdes é uma componente fundamental do planeamento urbano moderno, uma vez que estes espaços oferecem benefícios que vão para além do seu valor estético. As áreas verdes, como parques, praças e jardins, são essenciais para o bem-estar físico e mental dos habitantes, e a sua presença melhora a qualidade de vida nas cidades. Além disso, estes espaços públicos contribuem para a sustentabilidade, actuando como "pulmões urbanos", reduzindo as ilhas de calor, melhorando a qualidade do ar e servindo de amortecedores de inundações. Esta secção explora o valor multifacetado dos espaços públicos e dos espaços verdes, e a forma como a sua integração nas cidades promove comunidades mais saudáveis, resilientes e inclusivas.

Benefícios ambientais das zonas verdes

Os espaços verdes desempenham um papel crucial na atenuação dos efeitos das alterações climáticas nas cidades. Ao proporcionarem sombra e reduzirem as temperaturas à superfície, ajudam a contrariar o efeito das ilhas de calor urbanas, um fenómeno em que as áreas construídas têm temperaturas significativamente mais elevadas do que as áreas circundantes devido à concentração de asfalto e betão (Gossling, 2021). Além disso, as plantas e as árvores absorvem dióxido de carbono e libertam oxigénio, melhorando a qualidade do ar e ajudando a reduzir as emissões de gases com efeito de estufa (Organização Mundial de Saúde [OMS], 2021).

Os sistemas de drenagem natural nas zonas verdes também ajudam a gerir as águas pluviais de forma mais eficiente, reduzindo o risco de inundações e promovendo a recarga das águas subterrâneas. A implementação de jardins de chuva, telhados verdes e sistemas de drenagem sustentáveis permite às cidades gerir melhor a precipitação e evitar a sobrecarga dos sistemas de esgotos (Rodrigue, 2020). Para os engenheiros civis, a conceção e a implementação destas infra-estruturas verdes representam uma oportunidade para integrar a sustentabilidade no ambiente urbano, assegurando que os espaços públicos não só embelezam a cidade, mas também contribuem para a sua resiliência ambiental.

Os espaços públicos como áreas de interação social e bem-estar

Os espaços públicos são locais de encontro que incentivam a interação social e criam um sentido de comunidade. As praças, os parques e as áreas recreativas permitem que os habitantes se reúnam, pratiquem actividades ao ar livre e desenvolvam relações sociais, o que é essencial para a coesão social e o bem-estar mental. De acordo com estudos da OMS (2021), o acesso a áreas verdes e espaços recreativos está associado a níveis de stress reduzidos e a uma melhor saúde mental entre os habitantes das cidades.

A conceção de espaços públicos acessíveis e com boas ligações pode também melhorar a mobilidade ativa, incentivando as pessoas a andar a pé ou de bicicleta em vez de utilizarem veículos motorizados. Isto não só reduz o congestionamento e as emissões, como também promove um estilo de vida mais saudável. Para os engenheiros civis, criar estes espaços significa ter em conta a segurança, a acessibilidade e a funcionalidade, garantindo que os espaços públicos são inclusivos e atraentes para pessoas de todas as idades e capacidades (Pucher & Buehler, 2019).

3.3.3 Integração dos espaços verdes na conceção urbana

O planeamento moderno procura integrar os espaços verdes no tecido urbano, para que sejam acessíveis a todos e façam parte integrante da vida quotidiana das pessoas. A ideia de "infraestrutura verde" refere-se a uma rede de parques, jardins, corredores verdes e outros espaços naturais que ligam diferentes áreas da cidade, proporcionando um fluxo contínuo de natureza no ambiente urbano (Banister, 2018). Esta integração permite que os residentes usufruam dos benefícios dos espaços verdes sem terem de percorrer longas distâncias e melhora a conetividade entre bairros e comunidades.

Uma prática comum no planeamento sustentável é a incorporação de telhados e paredes verdes em edifícios e outras estruturas urbanas, o que não só acrescenta estética, mas também melhora o isolamento térmico e a qualidade do ar em áreas densamente construídas (Cohen & Shaheen, 2018). Para os engenheiros civis, isto significa desenvolver infra-estruturas adaptadas que possam apoiar estas integrações e também maximizar a utilização do espaço em ambientes onde o terreno é limitado. A implementação de infra-estruturas verdes contribui para uma conceção urbana mais equilibrada, em que a natureza e a arquitetura se fundem para criar cidades mais habitáveis e sustentáveis.

3.3.4 Contribuição dos espaços públicos para a equidade social

Os espaços públicos e as zonas verdes desempenham um papel importante na criação de uma cidade mais equitativa. Os parques e as praças acessíveis a todos permitem que pessoas de diferentes origens socioeconómicas usufruam dos mesmos benefícios, promovendo a inclusão e reduzindo as desigualdades. Em muitas cidades, no entanto, a disponibilidade de espaços verdes é desigual, com uma maior concentração em áreas afluentes e uma menor presença em comunidades de baixo rendimento (Litman, 2021). Esta disparidade cria uma necessidade urgente de planear e distribuir os espaços públicos de forma equitativa.

O planeamento urbano sustentável deve garantir que todos os habitantes tenham acesso a zonas verdes e espaços de lazer, independentemente da sua localização. Isto não só melhora a qualidade de vida dos cidadãos, como também ajuda a reduzir as disparidades sociais. Os engenheiros civis têm a responsabilidade de desenvolver projectos que promovam uma distribuição justa destes espaços, trabalhando em colaboração com as autoridades locais para garantir que as zonas verdes e os espaços públicos sejam inclusivos e acessíveis a toda a comunidade.

A integração de espaços públicos e zonas verdes é essencial para o desenvolvimento de cidades sustentáveis, resilientes e equitativas. Estes espaços não só embelezam o ambiente urbano, como também oferecem benefícios ambientais, sociais e de saúde que melhoram a qualidade de vida dos habitantes. Para os engenheiros civis, a conceção e implementação de espaços públicos e espaços verdes representa uma oportunidade de contribuir para uma cidade mais justa, onde todos os habitantes têm acesso aos benefícios da natureza e podem desfrutar de um ambiente de vida saudável e vibrante. A criação de uma rede integrada de espaços verdes e públicos é um investimento no bem-estar das gerações actuais e futuras, e é uma componente fundamental da visão de uma cidade sustentável e habitável.

3.4 Modelos de cidades compactas e densificação

A tendência para o desenvolvimento de cidades compactas e para a densificação urbana tem vindo a ganhar importância nas últimas décadas, impulsionada pelo desejo de construir cidades sustentáveis, eficientes e centradas nas pessoas. Os modelos de cidades compactas procuram otimizar a utilização do solo e dos recursos, reduzindo a dependência do automóvel e promovendo a acessibilidade de serviços e espaços públicos dentro de uma área bem definida. Em contraste com a expansão, que envolve a expansão para a periferia, a cidade compacta desenvolve-se para dentro, promovendo a proximidade, a eficiência e a equidade no acesso a oportunidades e serviços. Esta secção explora os princípios e benefícios da cidade compacta e da densificação, bem como os desafios que esta estratégia enfrenta e o papel dos engenheiros civis na sua implementação.

Princípios do modelo de cidade compacta

A cidade compacta baseia-se numa série de princípios que procuram maximizar a utilização do solo e minimizar o impacto ambiental. Um dos conceitos-chave é a ideia da "cidade de 15 minutos", que propõe que os habitantes possam aceder à maioria das suas necessidades diárias, como lojas, centros de saúde, parques e escolas, num raio de 15 minutos a pé ou de bicicleta (Moreno et al., 2021). Este modelo incentiva a mobilidade ativa e reduz a dependência do automóvel, contribuindo para reduzir as emissões de carbono e melhorar a qualidade de vida dos cidadãos.

Outro princípio fundamental é a mistura de usos do solo, que consiste na integração de habitação, comércio e serviços na mesma área, criando bairros que oferecem uma experiência de vida completa. Esta mistura de usos não só promove uma cidade mais dinâmica, como também melhora a segurança e a coesão social, uma vez que as ruas se tornam mais activas e movimentadas. Para os engenheiros civis, desenvolver cidades compactas significa conceber infra-estruturas multifuncionais e adaptáveis que suportem a atividade e o fluxo constante de pessoas, veículos e recursos num espaço reduzido (Banister, 2018).

Benefícios da densificação urbana

A densificação urbana oferece múltiplos benefícios, tanto para os habitantes como para o ambiente. Em termos económicos, permite às cidades otimizar a utilização de infra-estruturas e serviços, reduzindo os custos de construção e manutenção de novas infra-estruturas, como as redes de transportes, água e eletricidade (Litman, 2021). A concentração da população numa área limitada também facilita a implementação de sistemas de transportes públicos eficientes e económicos, uma vez que as distâncias entre destinos são mais curtas e a procura é mais constante.

De um ponto de vista ambiental, a densificação urbana ajuda a reduzir a expansão da pegada urbana e a proteger as zonas rurais e naturais da urbanização descontrolada. Ao encorajar a concentração de pessoas e actividades em áreas específicas, limita a destruição de habitats naturais e preserva os recursos naturais. Além disso, a densificação facilita a criação de zonas verdes e de espaços de lazer, essenciais para a saúde mental e física dos habitantes (Gossling, 2021).

Para os engenheiros civis, isto significa conceber infra-estruturas que suportem uma maior densidade de utilizadores sem comprometer a funcionalidade ou a qualidade do ambiente. Isto inclui o desenvolvimento de redes de transportes públicos robustas, sistemas eficientes de gestão de resíduos e de água e a criação de edifícios de utilização mista que maximizem a utilização do espaço disponível.

Desafios da densificação urbana

Apesar dos seus benefícios, a densificação e a compactação urbana enfrentam vários desafios. Um dos problemas mais comuns é o congestionamento, que pode surgir se as infra-estruturas e os serviços não estiverem preparados para suportar a procura de uma população densa. As zonas compactas requerem um planeamento pormenorizado para garantir que os sistemas de transportes, água, energia e gestão de resíduos são capazes de satisfazer a procura crescente sem ficarem sobrecarregados (Rodrigue, 2020).

Outro desafio é o potencial aumento do custo da habitação, uma vez que o aumento da procura em zonas densas e com boas ligações pode fazer subir os preços, limitando o acesso à habitação por parte das pessoas com baixos rendimentos. Este fenómeno, conhecido como "gentrificação", pode levar à deslocação das comunidades locais e criar desigualdades no acesso aos benefícios da densificação urbana. Para resolver este problema, é importante que as políticas de densificação incluam estratégias de habitação a preços acessíveis e mecanismos que protejam as comunidades vulneráveis da especulação imobiliária (Cohen & Shaheen, 2018).

Para os engenheiros civis, o desafio consiste em conceber infra-estruturas e espaços públicos que atenuem estes efeitos negativos, assegurando que a densificação seja inclusiva e respeite as necessidades de todos os habitantes. Isto pode incluir a criação de espaços públicos acessíveis, a aplicação de normas de construção sustentáveis e a integração de sistemas de transporte eficientes que evitem o congestionamento.

O papel dos engenheiros civis na cidade compacta

Os engenheiros civis desempenham um papel fundamental na implementação do modelo de cidade compacta. Desde o planeamento dos sistemas de transporte até à conceção de edifícios e espaços públicos, o seu trabalho é essencial para criar cidades eficientes, sustentáveis e habitáveis. Um dos maiores desafios para os engenheiros é maximizar a utilização de recursos e minimizar o impacto ambiental em ambientes densos, o que implica inovar na conceção e construção de infraestruturas multifuncionais e sustentáveis (Pucher & Buehler, 2019).

A criação de edifícios de utilização mista, combinando residências, escritórios, comércio e áreas recreativas no mesmo local, é uma estratégia comum na cidade compacta e requer um planeamento cuidadoso para garantir que estas estruturas são seguras, acessíveis e eficientes na utilização de energia e recursos. Além disso, os engenheiros civis são responsáveis pelo desenvolvimento de sistemas de mobilidade sustentável, tais como redes de transportes públicos interligadas, ciclovias e zonas pedonais, que facilitam a circulação nestas áreas compactas sem depender do automóvel.

A implementação de tecnologias como as energias renováveis, a reciclagem de água e os sistemas inteligentes de gestão de resíduos também desempenha um papel crucial na cidade compacta. Estas inovações permitem que as cidades funcionem de forma mais eficiente e reduzam a sua pegada ecológica. A capacidade dos engenheiros civis para integrarem estas tecnologias e se adaptarem às exigências dos ambientes densos é fundamental para o sucesso das cidades compactas no futuro.

O modelo de cidade compacta e a densificação urbana oferecem uma visão de cidades mais sustentáveis, eficientes e acessíveis, onde os serviços e as oportunidades estão disponíveis para todos os habitantes. No entanto, a sua implementação exige um planeamento meticuloso e um compromisso para enfrentar os desafios que podem surgir, como o congestionamento, a acessibilidade da habitação e a gentrificação. Para os engenheiros civis, a construção de cidades compactas é uma oportunidade para liderar a conceção de ambientes urbanos que respondam às necessidades do século XXI, fornecendo infra-estruturas que melhorem a qualidade de vida e reduzam o impacto ambiental.

O desenvolvimento de cidades compactas não é apenas uma estratégia de planeamento urbano, mas também um compromisso com um futuro em que as cidades possam prosperar de forma sustentável e equitativa. Com uma combinação de inovação, tecnologia e empenhamento social, os engenheiros civis podem ajudar a moldar cidades que sejam não só eficientes e funcionais, mas também inclusivas e resistentes.

3.5 Desenvolvimento Orientado para o Trânsito (TOD): Ligar os Transportes e a Utilização dos Solos

O Desenvolvimento Orientado para o Trânsito (TOD) é uma estratégia de planeamento urbano que procura integrar os transportes e a utilização do solo para criar ambientes urbanos eficientes, acessíveis e sustentáveis. Este modelo centra-se na criação de zonas de elevada densidade em torno de estações de transportes públicos, facilitando o acesso a serviços e reduzindo a necessidade de deslocação de automóvel. O TOD não só melhora a mobilidade e reduz o congestionamento, como também promove um desenvolvimento urbano compacto que optimiza a utilização dos solos e apoia a criação de comunidades mais interligadas. Esta secção explora os princípios e os benefícios da TOD, os desafios da sua implementação e o papel dos engenheiros civis na construção das infra-estruturas que permitem o seu sucesso.

Princípios fundamentais do desenvolvimento orientado para os transportes

A TOD baseia-se em vários princípios fundamentais que procuram incentivar a utilização dos transportes públicos e a mobilidade ativa. Um dos principais pilares é a proximidade, ou seja, a conceção de espaços urbanos em que os serviços e destinos essenciais, tais como lojas, escolas e áreas recreativas, estão ao alcance dos residentes, muito próximos das estações de transporte (Cervero & Murakami, 2009). Isto reduz a dependência do automóvel e facilita o acesso aos transportes públicos, tornando-os mais convenientes e atractivos para os residentes.

Um outro princípio fundamental da tecnologia TOD é a mistura de usos do solo. Ao combinar espaços residenciais, de escritórios, comerciais e recreativos em áreas próximas de estações de trânsito, o TOD cria bairros dinâmicos e vibrantes que promovem a interação social e a atividade económica. Para os engenheiros civis, esta abordagem significa conceber infra-estruturas multifuncionais e acessíveis que permitam aos residentes tirar partido dos transportes públicos e das ligações pedonais de uma forma contínua e sem obstáculos (Litman, 2021).

Benefícios da TOD para a mobilidade e o ambiente

O desenvolvimento orientado para o trânsito oferece múltiplos benefícios em termos de mobilidade e sustentabilidade. Ao reduzir a necessidade de viajar de carro, o desenvolvimento orientado para o trânsito ajuda a reduzir as emissões de gases com efeito de estufa e a poluição atmosférica, contribuindo para a mitigação das alterações climáticas (Banister, 2018). Além disso, o desenvolvimento orientado para o trânsito melhora a eficiência dos transportes públicos, aumentando a procura e justificando investimentos em sistemas de elevada capacidade, como o transporte ferroviário e o transporte rápido por autocarro, o que beneficia os residentes ao proporcionar-lhes uma alternativa de mobilidade fiável e acessível.

A nível social, a tecnologia TOD incentiva a criação de comunidades mais interligadas e coesas. Ao agrupar habitações, lojas e serviços em torno de centros de transporte, os residentes podem desfrutar de uma maior proximidade dos seus destinos, o que promove a interação social e reforça o sentido de comunidade. Para os engenheiros civis, isto implica a conceção de infra-estruturas que promovam a mobilidade ativa, tais como pavimentos largos, ciclovias seguras e passagens pedonais acessíveis, criando ambientes urbanos que incentivem a utilização dos transportes públicos e a atividade física (Cervero & Murakami, 2009).

Desafios do desenvolvimento orientado para os transportes

Apesar dos seus muitos benefícios, a tecnologia TOD enfrenta vários desafios que têm de ser resolvidos para que a sua implementação seja bem sucedida. Um dos problemas mais comuns é a resistência à mudança, uma vez que os residentes de algumas cidades estão habituados à dependência do automóvel e podem ter relutância em adotar um estilo de vida orientado para os transportes públicos. Esta mudança de paradigma exige políticas públicas eficazes e campanhas de sensibilização para informar os cidadãos sobre os benefícios da mobilidade, do ambiente e da qualidade de vida das cidades com mobilidade reduzida (Rodrigue, 2020).

Outro desafio é o custo inicial das infra-estruturas de transportes públicos, especialmente em zonas onde o sistema existente é limitado. O investimento em redes de transportes de elevada capacidade e na construção de estações acessíveis pode ser elevado, o que pode limitar a implementação de uma solução TOD em zonas de baixos rendimentos ou em cidades com recursos limitados. Para ultrapassar este obstáculo, os engenheiros civis e planeadores devem trabalhar em conjunto com o sector público e privado para desenvolver modelos de financiamento que permitam o desenvolvimento desta infraestrutura essencial (Cohen & Shaheen, 2018).

Para além disso, a gentrificação é um problema potencial nas zonas desenvolvidas ao abrigo do modelo de ordenamento do território. medida que o acesso aos transportes e a qualidade de vida melhoram em certas zonas, os preços da habitação podem aumentar, deslocando os residentes de baixos rendimentos e limitando o acesso de todos aos benefícios das zonas TOD. Este fenómeno pode ser abordado através de políticas de habitação a preços acessíveis e subsídios que garantam que as comunidades locais não sejam deslocadas pelo desenvolvimento orientado para os transportes (Pucher & Buehler, 2019).

O papel dos engenheiros civis no desenvolvimento orientado para os transportes

Os engenheiros civis desempenham um papel crucial na implementação do TOD, uma vez que o seu trabalho é fundamental para a construção das infra-estruturas e serviços de transportes que permitem o sucesso deste modelo. Isso inclui o planejamento e o projeto de estações de transporte acessíveis e seguras, bem como a criação de redes de mobilidade ativa, como ciclovias, rotas de pedestres e áreas de interligação que facilitem o acesso ao transporte público (Banco Interamericano de Desenvolvimento [BID], 2023). Além disso, os engenheiros civis devem garantir que as infra-estruturas sejam concebidas para suportar o fluxo constante de utilizadores e que satisfaçam as necessidades de todos os habitantes, incluindo as pessoas com deficiência.

Outro aspeto importante é a incorporação de tecnologias de mobilidade inteligentes, como os sistemas de gestão do tráfego e as plataformas de pagamento digital, que facilitam a utilização dos transportes públicos e optimizam o fluxo de pessoas e veículos em zonas de elevada densidade (Litman, 2021). Estas tecnologias permitem às cidades gerir a mobilidade de forma mais eficiente e permitem aos habitantes aceder aos transportes de forma cómoda e sem perturbações.

O desenvolvimento orientado para o trânsito é uma estratégia transformadora para criar cidades mais sustentáveis, acessíveis e centradas nas pessoas. Através da proximidade, da combinação de usos do solo e da integração de infra-estruturas de transporte e mobilidade ativa, o TOD promove um modo de vida em que os transportes públicos e a mobilidade ativa são opções viáveis e atractivas para os cidadãos. No entanto, para que a mobilidade urbana sustentável seja bem sucedida, é fundamental enfrentar os desafios associados, como a resistência cultural, os custos das infra-estruturas e o risco de gentrificação.

Para os engenheiros civis, o desenvolvimento orientado para os transportes representa uma oportunidade para liderar a criação de infra-estruturas que satisfaçam as exigências do futuro e melhorem a qualidade de vida nas cidades. Através de um planeamento cuidadoso e da implementação de tecnologias inovadoras, os engenheiros podem contribuir para a criação de um ambiente urbano em que os transportes sejam eficientes, equitativos e sustentáveis. A tecnologia TOD é um passo em direção a cidades mais conectadas e resilientes, onde todos os habitantes podem desfrutar de um ambiente de vida acessível e de qualidade.

Capítulo 4: Tecnologias inteligentes e sustentabilidade nos transportes urbanos

O transporte urbano encontra-se numa encruzilhada: por um lado, enfrenta os desafios de uma população urbana crescente, do congestionamento do tráfego e da poluição; por outro, tem a oportunidade de se transformar graças à revolução tecnológica e à procura de sustentabilidade. Num mundo cada vez mais conectado e consciente da sua pegada ambiental, as tecnologias inteligentes oferecem soluções inovadoras que podem alterar profundamente a forma como as pessoas se deslocam nas cidades. Este quarto capítulo, intitulado **"Tecnologias Inteligentes e Sustentabilidade nos Transportes Urbanos"**, explora a forma como a tecnologia está a revolucionar os transportes urbanos e a permitir uma abordagem mais sustentável e eficiente, bem como o papel que os engenheiros civis desempenham nesta transformação.

As tecnologias inteligentes não só optimizam os sistemas de transporte existentes, como também criam novas possibilidades para o desenvolvimento de infra-estruturas e serviços que respondam às necessidades do século XXI. Dos sistemas de transporte autónomos à mobilidade como serviço (MaaS) e à gestão inteligente do tráfego, este capítulo analisa a forma como estas inovações estão a redefinir os transportes urbanos, promovendo uma mobilidade mais suave, mais limpa e mais centrada no utilizador. Para os engenheiros civis e planeadores urbanos, a integração de tecnologias inteligentes é uma oportunidade para liderar a criação de cidades mais habitáveis e conectadas, onde os transportes são acessíveis, equitativos e ambientalmente responsáveis.

Tecnologias inteligentes para a mobilidade urbana

A tecnologia mudou a forma como interagimos com os transportes, desde o planeamento das nossas viagens até ao pagamento dos serviços. Hoje, os cidadãos podem planear as suas viagens e aceder a múltiplas opções de transporte através de uma única aplicação, facilitando a mobilidade multimodal e reduzindo a dependência do automóvel particular (Cohen & Shaheen, 2018). A mobilidade como um serviço (MaaS) é um dos conceitos emergentes mais promissores, que integra várias opções de transporte - como autocarros, comboios, bicicletas e partilha de automóveis - numa plataforma digital que permite aos utilizadores planear, reservar e pagar as suas viagens a partir de um único local. Esta abordagem tecnológica facilita o acesso a opções de transporte sustentáveis e torna a utilização dos transportes públicos e da mobilidade ativa mais conveniente e atractiva, e a inteligência artificial (IA) e a análise de dados em tempo real estão a revolucionar a gestão do tráfego e a eficiência energética nos transportes. Os sistemas inteligentes de gestão do tráfego utilizam dados em tempo real para otimizar a temporização dos semáforos, ajustar as rotas dos autocarros e comboios e reduzir os tempos de espera, o que melhora a experiência do utilizador e reduz as emissões geradas pelo congestionamento dos veículos (Docherty et al., 2018). Para os engenheiros civis, a implementação destas tecnologias exige infra-estruturas avançadas e adaptáveis que permitam às cidades gerir o tráfego de forma dinâmica e eficiente, melhorando o fluxo de pessoas e bens e minimizando o impacto ambiental.

Sustentabilidade nos transportes: uma necessidade urgente

A sustentabilidade é um objetivo essencial no desenvolvimento dos transportes urbanos modernos. As cidades são responsáveis por uma grande parte das emissões globais de CO2 e de outros poluentes, sendo os transportes responsáveis por uma parte significativa dessas emissões. A transição para transportes mais sustentáveis é essencial para reduzir a pegada ambiental das cidades e para proteger a saúde e o bem-estar dos cidadãos (Banister, 2018). Neste capítulo, discutiremos como a eletrificação dos transportes, a mobilidade ativa e as fontes de energia renováveis estão a permitir que as cidades evoluam para uma mobilidade mais limpa e saudável.

A eletrificação dos transportes públicos, por exemplo, provou ser uma das estratégias mais eficazes para reduzir as emissões em zonas urbanas densamente povoadas. Os autocarros eléctricos, os comboios pendulares electrificados e os sistemas de eléctricos não só reduzem as emissões de gases com efeito de estufa, como também reduzem a poluição sonora, criando um ambiente urbano mais agradável. Além disso, a integração de fontes de energia renováveis nos sistemas de transportes urbanos permite que as cidades reduzam a sua dependência dos combustíveis fósseis e se tornem mais resistentes às flutuações dos preços da energia (Agência Internacional da Energia [AIE], 2022).

O papel dos engenheiros civis na mobilidade inteligente e sustentável

A transformação dos transportes urbanos em modelos mais inteligentes e sustentáveis coloca os engenheiros civis no centro desta evolução. O seu papel vai muito além da construção de infra-estruturas físicas; inclui a integração de tecnologias avançadas e o planeamento de sistemas complexos que facilitam uma mobilidade suave e ecológica (Fórum Económico Mundial, 2022). Para os engenheiros, esta transição exige uma adaptação e aprendizagem constantes de novas ferramentas e metodologias, bem como uma colaboração estreita com peritos em tecnologia, autoridades locais e o sector privado para garantir que o desenvolvimento urbano satisfaz as necessidades de todos os cidadãos.

O planeamento e a implementação destas inovações não estão isentos de desafios. A adoção de tecnologias inteligentes e sustentáveis exige investimentos significativos e, em alguns casos, uma mudança de mentalidade tanto dos profissionais como dos utilizadores. Além disso, é essencial garantir que a utilização de tecnologias inteligentes nos transportes não aumente as clivagens sociais, mas promova uma mobilidade acessível e equitativa para todos os cidadãos. Os engenheiros civis, em colaboração com outras partes interessadas importantes, devem trabalhar para desenvolver infra-estruturas de transportes que não só respondam às necessidades actuais, mas também se adaptem às mudanças futuras e promovam a equidade no acesso à mobilidade.

Os transportes urbanos inteligentes e sustentáveis não são apenas uma tendência; são uma necessidade urgente e uma oportunidade única para transformar as cidades em ambientes mais saudáveis, mais conectados e resilientes. As tecnologias inteligentes oferecem ferramentas poderosas para otimizar os transportes urbanos, enquanto as soluções sustentáveis permitem às cidades reduzir o seu impacto ambiental e melhorar a qualidade de vida dos seus habitantes. Este capítulo convida os engenheiros civis, os urbanistas e os decisores políticos a encararem a tecnologia e a sustentabilidade como aliadas na criação de transportes urbanos que respondam aos desafios de hoje e de amanhã.

Ao explorar este capítulo, descobrirá como a convergência da tecnologia e da sustentabilidade está a moldar uma nova era de mobilidade urbana. Desde a eletrificação dos transportes até à mobilidade como serviço e aos veículos autónomos, a tecnologia oferece possibilidades infinitas para criar cidades onde os transportes são mais eficientes, acessíveis e amigos do ambiente. Para os engenheiros civis, esta é uma oportunidade de liderar a mudança em direção a um futuro em que as cidades sejam não só funcionais, mas também sustentáveis e justas.

4.1 Eletrificação dos transportes urbanos: autocarros, comboios e redes de transporte de mercadorias

A eletrificação dos transportes urbanos é uma das estratégias mais promissoras para reduzir a pegada de carbono das cidades e melhorar a qualidade do ar em ambientes densamente povoados. A transição para sistemas de transporte eléctricos, como autocarros, comboios e eléctricos, pode reduzir as emissões de gases com efeito de estufa e outros poluentes, contribuindo significativamente para os objectivos de sustentabilidade e proteção ambiental (Agência Internacional de Energia [AIE], 2022). Esta secção explora os benefícios e desafios da eletrificação dos transportes urbanos, bem como o papel crucial dos engenheiros civis na implementação de infra-estruturas de carregamento e na conceção de sistemas de transporte elétrico eficientes e acessíveis.

Benefícios ambientais e sociais da eletrificação

O transporte elétrico reduz as emissões de gases com efeito de estufa e a poluição atmosférica nas cidades. Em comparação com os sistemas de transporte movidos por motores de combustão, os autocarros e comboios eléctricos emitem consideravelmente menos dióxido de carbono e não produzem partículas poluentes, melhorando assim a qualidade do ar em ambientes urbanos e reduzindo o risco de doenças respiratórias entre os habitantes (Gossling, 2021). A Organização Mundial de Saúde (2021) salientou a importância de reduzir a poluição atmosférica nas cidades, observando que a exposição a poluentes está associada a um aumento de doenças como a asma e outras doenças respiratórias.

Para além dos seus benefícios ambientais, os veículos eléctricos contribuem para reduzir a poluição sonora, uma vez que os seus motores são significativamente mais silenciosos do que os motores de combustão. Isto melhora a qualidade de vida nas zonas urbanas, especialmente nas zonas residenciais e comerciais densamente povoadas. Para os engenheiros civis, a eletrificação dos transportes representa uma oportunidade para desenvolver infra-estruturas urbanas que não só respondam às necessidades de mobilidade, mas também contribuam para um ambiente de vida mais saudável e amigo do ambiente (Banister, 2018).

Infra-estruturas de Redes de Carga e sua Distribuição no Espaço Urbano

Um dos maiores desafios na eletrificação dos transportes urbanos é a criação de uma infraestrutura de carregamento adequada para permitir o funcionamento eficiente dos veículos eléctricos. O planeamento estratégico e a distribuição de estações de carregamento são essenciais para garantir que os autocarros, comboios e outros veículos eléctricos possam funcionar continuamente sem interrupções. As estações de carregamento rápido, que permitem que as baterias sejam recarregadas em minutos e não em horas, são especialmente importantes para os transportes públicos, uma vez que reduzem o tempo de inatividade e aumentam a eficiência operacional (Rodrigue, 2020).

Nas zonas urbanas densas, o espaço para as estações de carregamento é limitado, o que constitui um desafio para os engenheiros civis. É essencial conceber redes de carregamento que se integrem harmoniosamente no ambiente urbano, minimizando o impacto visual e mantendo a acessibilidade para os peões e outros utilizadores do espaço público. A implementação de estações de carregamento em locais estratégicos, como terminais de autocarros e estações de comboios, optimiza a utilização dos recursos e facilita o acesso dos operadores de transportes públicos à infraestrutura de carregamento. Além disso, a tecnologia de carregamento sem fios e os sistemas de carregamento na estrada, como as faixas de carregamento indutivo, oferecem soluções inovadoras que podem melhorar a eficiência da infraestrutura de carregamento e reduzir a necessidade de espaço físico (Cohen & Shaheen, 2018).

Avanços na tecnologia de baterias e energias renováveis

A tecnologia das baterias evoluiu consideravelmente nos últimos anos, tornando possível que os veículos eléctricos tenham uma autonomia cada vez maior e uma vida útil mais longa. As baterias de iões de lítio são as mais comuns atualmente, embora estejam a ser desenvolvidas novas tecnologias, como as baterias de estado sólido, que prometem oferecer uma maior eficiência energética e tempos de carregamento mais curtos. Estes avanços são cruciais para o sucesso da eletrificação dos transportes, uma vez que permitem que os veículos eléctricos percorram distâncias mais longas sem recarregar, o que é particularmente benéfico para as rotas de transportes públicos de longa distância

(Agência Internacional da Energia [AIE], 2022).

Além disso, a integração de energias renováveis na rede de carregamento é fundamental para maximizar os benefícios ambientais da eletrificação. Ao utilizar fontes de energia como a solar e a eólica, as cidades podem reduzir ainda mais as emissões de carbono e garantir que a eletricidade utilizada para carregar os veículos é limpa e sustentável. Para os engenheiros civis, isto envolve a conceção de infra-estruturas de carregamento que possam acomodar uma variedade de fontes de energia e maximizar a utilização de energias renováveis, o que requer um planeamento cuidadoso e uma colaboração estreita com o sector energético (Litman, 2021).

Desafios na implementação e manutenção de sistemas de transporte elétrico

A eletrificação dos transportes urbanos apresenta vários desafios logísticos e técnicos. Um dos principais é o custo inicial da infraestrutura de carregamento e dos veículos eléctricos, que pode ser significativamente mais elevado do que o dos veículos convencionais. Embora os custos operacionais dos veículos eléctricos tendam a ser mais baixos devido ao seu menor consumo de energia e manutenção, o investimento inicial continua a ser um obstáculo para muitas cidades, especialmente aquelas com orçamentos limitados (Cervero & Murakami, 2009).

Outro desafio é a manutenção e a gestão da infraestrutura de carregamento e das redes de eletricidade. A procura de eletricidade numa cidade densamente povoada pode ser consideravelmente elevada, especialmente nas horas de ponta, exigindo um sistema de gestão de energia eficiente que evite a sobrecarga da rede. Para os engenheiros civis, isto significa desenvolver soluções que optimizem a utilização de energia e minimizem o desgaste da infraestrutura de carregamento, garantindo que os sistemas de transporte elétrico sejam sustentáveis e funcionais a longo prazo.

Além disso, a formação e o desenvolvimento de competências técnicas para o pessoal dos transportes e da manutenção são cruciais para a adoção de sistemas de transporte eléctricos. A tecnologia dos veículos eléctricos é diferente da dos veículos de combustão e as equipas de manutenção têm de possuir as competências adequadas para operar e reparar estes veículos de forma segura e eficiente. Para os engenheiros civis, isto também significa trabalhar em colaboração com o sector educativo e profissional para garantir que os trabalhadores têm as competências necessárias para apoiar a transição para o transporte elétrico (Gossling, 2021).

A eletrificação dos transportes urbanos representa um passo crucial para a sustentabilidade e a melhoria da qualidade de vida nas cidades. Ao reduzir as emissões e a poluição, os sistemas de transporte elétrico contribuem para um ambiente urbano mais limpo e saudável, promovendo uma mobilidade que é simultaneamente eficiente e amiga do ambiente. Para os engenheiros civis, a eletrificação dos transportes implica a conceção de

de infra-estruturas avançadas e adaptáveis que respondam às exigências de uma mobilidade mais sustentável e acessível.

Esta mudança para a eletrificação não é apenas uma oportunidade para melhorar os transportes urbanos, mas também uma responsabilidade para garantir que as cidades se adaptam aos desafios do futuro. Através da implementação de estações de carregamento inovadoras, do desenvolvimento de tecnologias de baterias eficientes e da utilização de energias renováveis, os engenheiros civis estão no centro desta transformação, abrindo caminho para transportes urbanos que respondam às necessidades de sustentabilidade e resiliência da nossa era.

4.2 Mobilidade como um serviço (MaaS): integração e flexibilidade nos transportes urbanos

A mobilidade como serviço (MaaS) é uma estratégia inovadora de transporte urbano que integra várias opções de mobilidade numa única plataforma digital, oferecendo aos utilizadores a possibilidade de planear, reservar e pagar as suas viagens a partir de uma aplicação ou de um sítio Web. Este modelo transforma a forma como os cidadãos interagem com os transportes, dando-lhes acesso a opções como os transportes públicos, a partilha de bicicletas, os veículos de partilha de boleias e as trotinetes eléctricas num único local (Cohen & Shaheen, 2018). O MaaS promove uma mobilidade mais flexível, acessível e sustentável, facilitando a adoção de modos de transporte amigos do ambiente e reduzindo a dependência do automóvel particular. Esta secção explora os benefícios, desafios e princípios do MaaS, bem como o papel dos engenheiros civis nas infra-estruturas e tecnologias que tornam este modelo possível.

Princípios e vantagens do MaaS

O modelo MaaS baseia-se na simplicidade e na acessibilidade. Ao combinar várias opções de transporte numa única aplicação, o MaaS permite que os utilizadores organizem as suas viagens de uma forma mais eficiente e personalizada. Um dos princípios fundamentais do MaaS é a integração dos modos de transporte numa única plataforma digital, que não só simplifica o processo de planeamento da viagem, como também permite aos utilizadores comparar opções e escolher a que melhor se adequa às suas necessidades em termos de tempo, custo e sustentabilidade (Docherty et al., 2018).

O MaaS oferece múltiplos benefícios para as cidades e os seus habitantes. Para os cidadãos, este modelo facilita o acesso a opções de transporte sustentáveis, promovendo a utilização de transportes públicos, bicicletas e outros meios de transporte partilhados, o que ajuda a reduzir o congestionamento e as emissões de gases com efeito de estufa. Para os engenheiros civis e urbanistas, o MaaS representa uma oportunidade para conceber cidades mais habitáveis e conectadas, onde os serviços de mobilidade são acessíveis a todos os habitantes e integrados de forma eficiente no ambiente urbano (Gossling, 2021).

Infra-estruturas MaaS e o papel dos engenheiros civis

A implementação do MaaS exige infra-estruturas tecnológicas avançadas e uma conetividade robusta para que os cidadãos possam aceder aos serviços de transporte em tempo real. Os engenheiros civis desempenham um papel essencial na conceção das infra-estruturas físicas e digitais de apoio a este modelo. Isto inclui a criação de pontos de interconexão onde os utilizadores podem mudar sem problemas de um modo de transporte para outro, como estações de comboio integradas com terminais de partilha de bicicletas ou paragens de autocarro interligadas com estações de trotinetes eléctricas.

Além disso, a infraestrutura de dados é fundamental para o sucesso do MaaS. Os engenheiros devem colaborar com os criadores de software e os operadores de transportes para criar sistemas que recolham, gerem e partilhem informações em tempo real sobre a disponibilidade e os tempos de espera de cada opção de transporte. Estes dados permitem aos utilizadores tomar decisões informadas e melhoram a eficiência do sistema de transportes no seu conjunto. Além disso, a infraestrutura de pagamento digital permite que os utilizadores paguem por vários serviços de transporte numa única transação, facilitando a adoção e a utilização (Litman, 2021).

Sustentabilidade e redução da dependência do automóvel

Um dos maiores benefícios do MaaS é o seu potencial para reduzir a dependência do automóvel particular, promovendo modos de transporte mais sustentáveis e eficientes. Ao oferecer uma variedade de opções de transporte numa única plataforma, o MaaS facilita a mobilidade multimodal, permitindo aos utilizadores combinar diferentes modos de transporte de acordo com as suas necessidades específicas. Por exemplo, um utilizador pode apanhar um comboio durante a maior parte da sua viagem e, à chegada à estação final, utilizar uma bicicleta ou scooter partilhada para percorrer o último quilómetro. Este modelo de mobilidade reduz a necessidade de utilização do automóvel particular, o que, por sua vez, reduz o congestionamento e as emissões (Banister, 2018).

Além disso, o MaaS incentiva a mobilidade ativa e a utilização de modos de transporte com baixas emissões. Ao integrar opções como a partilha de bicicletas e as trotinetas eléctricas, as cidades podem reduzir a pegada de carbono das deslocações urbanas e melhorar a saúde pública, promovendo um estilo de vida mais ativo. Para os engenheiros civis, esta abordagem exige o planeamento de infraestruturas de mobilidade ativa, como ciclovias e zonas pedonais, que permitam uma transição suave entre diferentes modos de transporte e garantam a segurança de todos os utilizadores (Pucher & Buehler, 2019).

Desafios na implementação e adoção de MaaS

Apesar dos seus muitos benefícios, a implementação do MaaS enfrenta vários desafios. Um dos principais obstáculos é a fragmentação entre os operadores de transportes. Em muitas cidades, os serviços de transportes públicos, a partilha de bicicletas e outros modos de mobilidade são geridos por diferentes entidades, o que dificulta a integração de todos estes serviços numa única plataforma (Rodrigue, 2020). A colaboração entre os diferentes intervenientes no sector dos transportes é essencial para ultrapassar esta fragmentação e permitir uma experiência de utilização contínua e sem descontinuidades.

Outro desafio importante é a acessibilidade e a equidade de acesso ao MaaS. Para que este modelo seja verdadeiramente inclusivo, é essencial que todos os cidadãos, independentemente do seu estatuto socioeconómico, possam aceder a serviços de mobilidade integrados. Isto significa considerar opções de pagamento acessíveis, como tarifas reduzidas para estudantes e pessoas com baixos rendimentos, e garantir que os serviços de mobilidade estão disponíveis em todas as zonas da cidade, incluindo as zonas periféricas e de baixos rendimentos. Os engenheiros civis e os urbanistas têm a responsabilidade de conceber infraestruturas que garantam que os serviços de mobilidade sejam distribuídos de forma equitativa e acessíveis a todos (Cohen & Shaheen, 2018).

A Mobilidade como um Serviço (MaaS) é uma estratégia transformadora que pode revolucionar a forma como os cidadãos interagem com os transportes urbanos, promovendo uma abordagem multimodal, flexível e sustentável. Ao integrar vários modos de transporte numa única plataforma, o MaaS facilita o acesso a opções de mobilidade eficientes e amigas do ambiente, reduzindo a dependência do automóvel particular e melhorando a qualidade de vida nas cidades. Para os engenheiros civis, a implementação do MaaS representa uma oportunidade para inovar na conceção de infra-estruturas físicas e digitais que suportem este modelo e promovam uma mobilidade inclusiva e amiga do ambiente.

No entanto, o MaaS não está isento de desafios. O seu sucesso depende de uma estreita colaboração entre os operadores de transportes, as autoridades locais e os peritos em tecnologia, bem como de infra-estruturas adequadas que permitam aos utilizadores aceder facilmente a serviços de transporte integrados e em tempo real. À medida que as cidades evoluem para um futuro mais sustentável, o MaaS apresenta-se como uma ferramenta poderosa para transformar o transporte urbano num sistema simultaneamente eficiente e acessível, oferecendo aos cidadãos a liberdade de escolher a opção de mobilidade que melhor se adapta às suas necessidades, reduzindo simultaneamente o seu impacto no planeta.

4.3 Veículos autónomos e conectados: inovação e desafios no transporte urbano

O advento dos veículos autónomos e conectados representa um dos desenvolvimentos mais revolucionários na história dos transportes urbanos. Estes veículos, equipados com tecnologia avançada de sensores, inteligência artificial (IA) e conetividade em tempo real, têm o potencial de transformar profundamente a forma como as pessoas se deslocam na cidade, bem como de alterar a estrutura e a conceção das infra-estruturas urbanas. Os veículos autónomos prometem melhorar a segurança rodoviária, reduzir o congestionamento e otimizar a utilização dos recursos energéticos, enquanto os veículos conectados permitem uma interação constante com outros sistemas de mobilidade, fornecendo dados valiosos para uma gestão eficiente do tráfego (Docherty et al., 2018). Esta secção explora os benefícios, desafios e princípios dos veículos autónomos e conectados no contexto dos transportes urbanos e discute o papel dos engenheiros civis na adaptação das infraestruturas para facilitar a sua integração.

Vantagens dos veículos autónomos na mobilidade urbana

Os veículos autónomos oferecem múltiplas vantagens em termos de segurança e eficiência. Ao eliminar a intervenção humana na condução, estes veículos têm o potencial de reduzir drasticamente os acidentes de viação, muitos dos quais são causados por erro humano (Banister, 2018). Os veículos autónomos são concebidos para reagir em fracções de segundo a situações imprevistas, o que melhora a segurança de todos os utentes da estrada. Além disso, a tecnologia destes veículos permite-lhes manter uma distância de segurança em relação aos outros automóveis e adaptar a sua velocidade e as suas rotas em função das condições de tráfego, o que optimiza o fluxo de veículos e reduz o congestionamento nas zonas urbanas.

Os veículos autónomos oferecem também a oportunidade de melhorar a acessibilidade dos transportes urbanos para as pessoas com mobilidade reduzida, os idosos e as pessoas sem carta de condução. Ao proporcionar um transporte eficiente e acessível, estes veículos permitem que mais pessoas se desloquem pela cidade sem dependerem dos transportes privados ou públicos tradicionais (Cohen & Shaheen, 2018). Para os engenheiros civis, a implementação de veículos autónomos implica a conceção de infra-estruturas adaptadas, tais como vias dedicadas e estações de carregamento para veículos eléctricos, para facilitar o seu funcionamento seguro e eficiente no ambiente urbano.

Veículos conectados e gestão inteligente do tráfego

Os veículos conectados são uma extensão dos veículos autónomos, com a capacidade de comunicar em tempo real com outros veículos, infra-estruturas e sistemas de controlo de tráfego. Esta conetividade permite uma gestão mais eficiente do tráfego, uma vez que os veículos podem receber informações em tempo real sobre as condições da estrada, as condições meteorológicas e potenciais incidentes, permitindo-lhes tomar decisões informadas que optimizam o fluxo de veículos e reduzem o congestionamento (Litman, 2021). Os sistemas de comunicação V2V (veículo-veículo) e V2I (veículo-infraestrutura) são tecnologias fundamentais para o funcionamento dos veículos conectados, permitindo uma sincronização constante entre todos os elementos do sistema de transportes.

A capacidade de os veículos conectados trocarem informações com semáforos inteligentes, sensores de tráfego e sistemas de gestão de rotas ajuda a minimizar o tempo de espera e melhora a eficiência energética, reduzindo o consumo de combustível e as emissões (Rodrigue, 2020). Para os engenheiros civis, este desenvolvimento implica a conceção e adaptação de infra-estruturas com sensores e dispositivos de comunicação que facilitem a conetividade e permitam a recolha e análise de dados em tempo real. Esta infraestrutura inteligente é essencial para maximizar os benefícios dos veículos conectados e garantir uma mobilidade urbana mais suave e sustentável.

Desafios na implantação de veículos autónomos e conectados

Embora os benefícios dos veículos autónomos e conectados sejam claros, a sua implementação apresenta múltiplos desafios técnicos, éticos e regulamentares. Uma das principais questões é a necessidade de infra-estruturas adaptadas, uma vez que as actuais estradas e ruas urbanas nem sempre estão equipadas para suportar o funcionamento de veículos autónomos. A falta de sinais de trânsito digitais, de semáforos inteligentes e de sistemas de comunicação V2I pode limitar a eficácia destes veículos e a sua capacidade de funcionar em segurança (Gossling, 2021).

Outro desafio é a segurança e a privacidade dos dados. Os veículos autónomos e conectados recolhem uma grande quantidade de dados sobre os utilizadores e o ambiente, o que suscita preocupações sobre a proteção das informações pessoais e o risco de ciberataques. A possibilidade de os sistemas de controlo dos veículos serem violados é uma ameaça que tem de ser abordada através de regulamentos rigorosos e sistemas de segurança avançados. Para os engenheiros civis, trata-se de um desafio adicional, uma vez que as infra-estruturas de transportes devem ser concebidas com medidas de segurança que impeçam o acesso não autorizado aos sistemas de controlo dos veículos e aos dados (Docherty et al., 2018).

Além disso, a aceitação pública dos veículos autónomos é também um desafio, uma vez que a transição para a condução automatizada pode gerar incerteza e resistência entre os utilizadores. É fundamental que os engenheiros e planeadores trabalhem em conjunto com o sector público e as comunidades para aumentar a sensibilização para os benefícios e aspectos de segurança dos veículos autónomos e conectados, incentivando uma adoção gradual e fiável.

O papel dos engenheiros civis na integração de veículos autónomos e conectados

Os engenheiros civis são intervenientes fundamentais na integração de veículos autónomos e conectados no sistema de transportes urbanos. A sua responsabilidade inclui a conceção e a construção de infra-estruturas que permitam uma transição segura para a mobilidade autónoma, como a criação de faixas exclusivas para veículos autónomos, a instalação de semáforos inteligentes e a implementação de estações de carregamento para veículos eléctricos. O planeamento destas infra-estruturas deve ter em conta não só os aspectos técnicos, mas também a segurança e a acessibilidade para todos os utilizadores.

A recolha e análise de dados em tempo real é outro aspeto crucial do papel dos engenheiros civis na implementação de veículos autónomos e conectados. Os dados gerados por estes veículos podem fornecer informações valiosas para o planeamento urbano e a melhoria das infra-estruturas. Os engenheiros civis devem trabalhar em colaboração com especialistas em análise de dados e autoridades de transportes para desenvolver sistemas que utilizem esta informação de forma eficaz, optimizando o fluxo de veículos e melhorando a qualidade de vida nas cidades.

A sustentabilidade também desempenha um papel importante na conceção de infra-estruturas para veículos autónomos. Os engenheiros civis podem contribuir para reduzir a pegada de carbono dos transportes urbanos, integrando estações de carregamento para veículos eléctricos e concebendo sistemas de gestão do tráfego que reduzam as emissões. Estes esforços contribuem para um modelo de transportes mais ecológico e mais eficiente que responde às exigências de sustentabilidade das cidades modernas.

O advento dos veículos autónomos e conectados marca o início de uma nova era nos transportes urbanos, com a tecnologia e a conetividade a redefinirem a forma como as pessoas se deslocam e vivem a cidade. Estes veículos oferecem a oportunidade de melhorar a segurança, reduzir o congestionamento e tornar os transportes mais acessíveis a todos. No entanto, a sua implementação exige infra-estruturas avançadas, sistemas de segurança dos dados e uma aceitação gradual por parte dos cidadãos.

Para os engenheiros civis, a integração de veículos autónomos e conectados é um desafio empolgante e uma oportunidade para inovar na conceção de infra-estruturas urbanas que satisfaçam as necessidades do século XXI. Através de um planeamento cuidadoso, da utilização de tecnologias avançadas e da colaboração com outros sectores, os engenheiros podem ajudar a construir cidades mais seguras, mais conectadas e sustentáveis, onde a mobilidade autónoma e conectada faz parte do transporte urbano do futuro.

4.4 Gestão Inteligente do Tráfego: Otimização e Eficiência na Mobilidade Urbana

A gestão inteligente do tráfego é uma ferramenta fundamental para otimizar o fluxo de veículos nas cidades e reduzir o congestionamento, as emissões e o tempo de viagem. Graças aos avanços tecnológicos, é agora possível utilizar sistemas de inteligência artificial (IA), sensores, câmaras e análise de dados em tempo real para gerir o tráfego de forma eficiente e em resposta à evolução das condições rodoviárias. Estes sistemas inteligentes permitem não só a sincronização dinâmica dos semáforos, mas também um planeamento optimizado dos itinerários, a identificação de incidentes em tempo real e a definição de prioridades para os transportes públicos (Docherty et al., 2018). Esta secção explora a forma como a gestão inteligente do tráfego está a transformar a mobilidade urbana, os seus benefícios, desafios e o papel dos engenheiros civis na sua implementação.

Tecnologias-chave na gestão inteligente do tráfego

A gestão inteligente do tráfego baseia-se na implementação de tecnologias avançadas que permitem a recolha, o processamento e a análise de dados em tempo real. Estas tecnologias incluem sensores de tráfego, câmaras de vigilância e sistemas de comunicação V2I (veículo-infraestrutura) e V2V (veículo-veículo), que permitem que os veículos e as infra-estruturas de tráfego comuniquem entre si para melhorar a eficiência e a segurança nas estradas (Rodrigue, 2020). Estas tecnologias recolhem dados sobre o volume de tráfego, a velocidade dos veículos e as condições da estrada, que são utilizados para ajustar os semáforos e otimizar o encaminhamento dos veículos.

A inteligência artificial (IA) também desempenha um papel crucial na gestão inteligente do tráfego, uma vez que pode analisar grandes volumes de dados em tempo real e tomar decisões instantâneas para melhorar o fluxo de veículos. Os sistemas de IA podem identificar padrões no tráfego e prever situações de congestionamento, ajustando o tempo dos semáforos e redireccionando o tráfego de acordo com a procura. Além disso, os sistemas de IA podem identificar e responder imediatamente a incidentes, como acidentes ou avarias, facilitando a intervenção dos serviços de emergência e reduzindo o impacto no tráfego (Banister, 2018).

Benefícios da Gestão Inteligente do Tráfego

A implementação de sistemas inteligentes de gestão do tráfego oferece múltiplos benefícios tanto para a eficiência dos transportes como para o ambiente. Ao otimizar o fluxo de veículos, estes sistemas reduzem os tempos de viagem e o congestionamento nas zonas urbanas, melhorando a experiência do utilizador e tornando os transportes mais acessíveis e previsíveis. Além disso, ao reduzir o tempo que os veículos passam em marcha lenta ou em situações de travagem constante, o consumo de combustível e as emissões de gases com efeito de estufa são reduzidos, contribuindo para os objectivos de sustentabilidade urbana (Litman, 2021).

Outro benefício importante da gestão inteligente do tráfego é a melhoria da segurança rodoviária . Ao identificar os incidentes de trânsito em tempo real e ao ajustar o fluxo de veículos, estes sistemas podem reduzir o risco de acidentes e melhorar a segurança de todos os utentes da estrada. Do mesmo modo, a atribuição de prioridade aos transportes públicos nos semáforos pode tornar os autocarros e os eléctricos mais eficientes e atraentes para os utilizadores, incentivando a utilização de modos de transporte sustentáveis e reduzindo o número de automóveis na estrada (Cohen & Shaheen, 2018).

Desafios na implementação de sistemas inteligentes de gestão do tráfego

Apesar dos seus muitos benefícios, a implementação de sistemas inteligentes de gestão do tráfego enfrenta vários desafios técnicos, económicos e sociais. Um dos principais obstáculos é o elevado custo de instalação e manutenção das infra-estruturas necessárias, incluindo sensores, câmaras, sistemas de comunicação e servidores de dados. Para muitas cidades, especialmente as que têm orçamentos limitados, o investimento inicial pode ser um impedimento significativo (Gossling, 2021). Além disso, a atualização de infra-estruturas antigas para sistemas inteligentes pode ser dispendiosa e complexa.

Outro desafio importante é a privacidade e a segurança dos dados. Os sistemas de gestão inteligente do tráfego recolhem grandes quantidades de informações sobre os padrões de viagem e a atividade dos veículos, o que suscita preocupações quanto à proteção da privacidade dos utilizadores. A implementação destes sistemas exige protocolos de segurança avançados e um quadro regulamentar que garanta a proteção dos dados pessoais e minimize o risco de ciberataques (Docherty et al., 2018).

A aceitação do público é também um desafio para a adoção de tecnologias inteligentes de gestão do tráfego. Embora os benefícios sejam claros, algumas pessoas podem ter relutância em ver as suas deslocações monitorizadas e geridas de forma automatizada. A transparência na utilização dos dados e uma comunicação eficaz sobre os benefícios destes sistemas são fundamentais para ganhar a confiança do público e garantir uma adoção bem sucedida.

O papel dos engenheiros civis na gestão inteligente do tráfego

Os engenheiros civis desempenham um papel essencial na conceção, implementação e manutenção de sistemas inteligentes de gestão do tráfego. O seu trabalho envolve não só a instalação das infra-estruturas necessárias, mas também a adaptação das infra-estruturas urbanas existentes para suportar as novas tecnologias. Os engenheiros civis são responsáveis pela integração de sensores e dispositivos de comunicação nas estradas, pela conceção de sistemas de tráfego que respondam a condições dinâmicas e pela garantia de que a infraestrutura é mantida em condições óptimas para um funcionamento seguro e eficiente.

Além disso, os engenheiros civis trabalham em estreita colaboração com analistas de dados e especialistas em tecnologia para desenvolver algoritmos que optimizem a gestão do tráfego e permitam a tomada de decisões em tempo real. Esta colaboração é crucial para tirar o máximo partido dos dados gerados pelos sistemas inteligentes e para garantir que as infra-estruturas urbanas respondem da melhor forma às necessidades da cidade.

Outro aspeto importante do trabalho dos engenheiros civis é o planeamento e a conceção de infra-estruturas que promovam a sustentabilidade. Os sistemas inteligentes de gestão do tráfego não só optimizam o fluxo de veículos, como também permitem dar prioridade aos transportes públicos e à mobilidade ativa, como o ciclismo e a marcha, nas zonas urbanas. Ao conceberem infra-estruturas que favorecem estes modos de transporte sustentáveis, os engenheiros civis contribuem para reduzir a pegada de carbono dos transportes urbanos e para criar um ambiente mais acessível e saudável para os habitantes.

A gestão inteligente do tráfego é uma estratégia transformadora para melhorar a mobilidade urbana, tornando o transporte mais eficiente, seguro e sustentável. Através de tecnologias avançadas, como a inteligência artificial, os sensores e a conetividade em tempo real, estes sistemas podem reduzir o congestionamento, diminuir as emissões e melhorar a segurança rodoviária. No entanto, a sua aplicação apresenta desafios técnicos, económicos e sociais que têm de ser enfrentados para garantir que os benefícios da gestão inteligente do tráfego cheguem a todos os cidadãos.

Para os engenheiros civis, a gestão inteligente do tráfego é uma oportunidade para inovar na conceção de infra-estruturas urbanas que respondam às exigências da mobilidade do século XXI. Através de um planeamento cuidadoso, da colaboração interdisciplinar e da utilização de tecnologias sustentáveis, os engenheiros podem liderar a criação de cidades onde o tráfego é gerido de forma eficiente e amiga do ambiente, melhorando assim a qualidade de vida dos habitantes e avançando para um futuro de mobilidade urbana inteligente.

4.5 Sistemas de pagamento inteligentes nos transportes urbanos: conveniência e eficiência para utilizadores e operadores

Os sistemas de pagamento inteligentes revolucionaram os transportes urbanos, permitindo aos utilizadores pagar de forma rápida, segura e sem contacto. A implementação de tecnologias avançadas de pagamento digital, como cartões inteligentes, aplicações móveis e sistemas de pagamento sem contacto, não só simplificou a experiência do utilizador, como também optimizou o funcionamento dos sistemas de transporte, reduzindo os custos e melhorando a eficiência. Esta abordagem torna o transporte mais acessível e conveniente, eliminando a necessidade de dinheiro e facilitando a integração de vários modos de transporte numa única plataforma de pagamento (Cohen & Shaheen, 2018). Esta secção explora os benefícios, desafios e princípios dos sistemas de pagamento inteligente nos transportes urbanos e o papel dos engenheiros civis na implementação desta tecnologia.

Princípios e vantagens dos sistemas de pagamento inteligentes

Os sistemas de pagamento inteligentes são concebidos para facilitar o acesso a múltiplas opções de transporte através de métodos de pagamento rápidos e sem falhas. Um dos princípios fundamentais destes sistemas é a integração, que permite aos utilizadores pagar por diferentes serviços de transporte - como autocarros, comboios, bicicletas e trotinetas partilhadas - numa única plataforma, eliminando a necessidade de bilhetes separados e melhorando a experiência do utilizador (Litman, 2021). A tecnologia de pagamento sem contacto, como os cartões de proximidade e as aplicações móveis, facilita o processo de pagamento, permitindo que os utilizadores acedam aos transportes de forma mais rápida e conveniente.

A implementação de sistemas de pagamento inteligentes também beneficia os operadores de transportes. Ao reduzir a utilização de numerário, os custos operacionais e o risco de perda e roubo são reduzidos. Além disso, os sistemas digitais permitem às agências de transportes recolher dados em tempo real sobre a procura e o comportamento dos utilizadores, o que facilita um planeamento e uma gestão mais eficientes dos serviços.

Para os engenheiros civis, a integração de sistemas de pagamento inteligentes nos transportes urbanos implica a conceção de infra-estruturas que se adaptem a várias tecnologias de pagamento e melhorem a acessibilidade e a conveniência para os utilizadores (Gossling, 2021).

Integração de múltiplos modos de transporte numa única plataforma de pagamento

Um dos maiores benefícios dos sistemas de pagamento inteligentes é a sua capacidade de integrar vários modos de transporte numa única plataforma. Esta integração permite aos utilizadores planear e pagar as suas viagens sem problemas, combinando diferentes opções de transporte de acordo com as suas necessidades, sem necessidade de múltiplas transacções. Esta abordagem insere-se no âmbito da Mobilidade como Serviço (MaaS), que permite aos utilizadores aceder a vários modos de transporte a partir de uma única aplicação, oferecendo uma experiência de utilizador melhorada e promovendo a utilização de modos de transporte sustentáveis e partilhados (Banister, 2018).

A integração dos modos de transporte numa única plataforma de pagamento exige uma infraestrutura robusta que suporte o processamento em tempo real de múltiplas transacções e garanta a segurança dos dados dos utilizadores. Além disso, os sistemas de pagamento inteligentes devem ser acessíveis a todos os cidadãos, independentemente do seu nível de literacia tecnológica ou de acesso a dispositivos digitais (Smith, 2023). Para os engenheiros civis, o desafio consiste em conceber sistemas de pagamento que sejam inclusivos e acessíveis, garantindo que todos os utilizadores possam beneficiar de uma experiência de pagamento simplificada e sem atritos.

Segurança e privacidade nos sistemas de pagamento digital

A segurança e a privacidade são aspectos críticos na implementação de sistemas de pagamento inteligentes. Uma vez que os utilizadores efectuam transacções através de dispositivos móveis ou de cartões sem contacto, é fundamental garantir que as informações pessoais e financeiras estejam protegidas contra a fraude e o acesso não autorizado. Os sistemas de pagamento inteligentes devem ser concebidos com medidas de segurança avançadas, como a encriptação de dados e a autenticação multifactor, para garantir que as informações dos utilizadores estão sempre protegidas (Cohen & Shaheen, 2018).

Para os engenheiros civis, isto significa trabalhar em colaboração com especialistas em cibersegurança e programadores de software para implementar soluções que minimizem o risco de violações de dados e cumpram os regulamentos de privacidade actuais. Além disso, é importante que os sistemas de pagamento inteligentes ofereçam transparência sobre a utilização dos dados, permitindo que os utilizadores tenham controlo sobre as informações que partilham e a forma como são utilizadas na plataforma.

Acessibilidade e equidade no acesso a sistemas de pagamento inteligentes

Apesar dos seus múltiplos benefícios, a implementação de sistemas de pagamento digital coloca o desafio de garantir que todos os cidadãos possam aceder a estes serviços de forma equitativa. Em muitas cidades, nem todos os utilizadores têm acesso a dispositivos móveis ou cartões bancários, o que pode limitar a sua capacidade de utilizar sistemas de pagamento inteligentes. Para que estes sistemas sejam inclusivos, é importante considerar opções de pagamento alternativas, como cartões pré-pagos e descontos para baixos rendimentos (Litman, 2021).

Além disso, é fundamental garantir que os sistemas de pagamento inteligentes sejam acessíveis em todas as áreas da cidade, incluindo aquelas com menor densidade populacional ou menos acesso à tecnologia. Para os engenheiros civis, conceber sistemas de pagamento acessíveis significa desenvolver infra-estruturas que suportem métodos de pagamento flexíveis e estejam distribuídas uniformemente pelo espaço urbano, garantindo que todos os cidadãos possam beneficiar de uma experiência de transporte conveniente e acessível.

Os sistemas de pagamento inteligentes são uma ferramenta fundamental para melhorar a experiência do utilizador nos transportes urbanos, oferecendo uma alternativa de pagamento rápida, segura e sem contacto que facilita o acesso a múltiplas opções de mobilidade. Ao integrar vários modos de transporte numa única plataforma de pagamento, estes sistemas permitem uma mobilidade mais suave e sustentável, incentivando a utilização de modos de transporte partilhados e reduzindo a dependência do automóvel particular. Para os engenheiros civis, a implementação de sistemas de pagamento inteligentes é uma oportunidade para inovar na conceção de infra-estruturas que facilitem uma melhor experiência do utilizador e contribuam para a eficiência operacional dos transportes urbanos.

No entanto, para que estes sistemas sejam bem sucedidos, é fundamental que sejam inclusivos, seguros e acessíveis a todos os cidadãos. A proteção dos dados, a acessibilidade em zonas desfavorecidas e a equidade no acesso à tecnologia são desafios que têm de ser enfrentados para garantir que os benefícios dos sistemas de pagamento inteligentes cheguem a toda a população. À medida que as cidades avançam para um futuro mais digital e conectado, os sistemas de pagamento inteligentes representam uma ferramenta poderosa para transformar o transporte urbano num serviço acessível e eficiente, onde a conveniência e a sustentabilidade são integradas numa experiência de mobilidade completa.

Capítulo 5: A cidade do futuro: inovação e sustentabilidade no planeamento urbano

O conceito de "cidade do futuro" evoca um ambiente urbano em que a tecnologia, a sustentabilidade e o bem-estar humano se integram para criar espaços que não só respondam às necessidades actuais, mas também antecipem e adaptem as suas infra-estruturas e serviços aos desafios de amanhã. Num mundo marcado pelo crescimento demográfico, pelas alterações climáticas e pela escassez de recursos, o planeamento urbano do futuro é confrontado com a tarefa de conceber cidades resilientes, inclusivas e tecnologicamente avançadas, capazes de evoluir com os seus habitantes e o ambiente circundante.

A cidade do futuro não é apenas uma utopia futurista; é um objetivo alcançável através da implementação de inovações que já estão a moldar algumas das cidades mais avançadas do mundo. Desde edifícios inteligentes e auto-suficientes a redes de transporte autónomas e sistemas descentralizados de energia renovável, os elementos que compõem esta visão estão a emergir como blocos de construção fundamentais para a transformação das áreas urbanas. Neste capítulo, exploraremos a forma como os avanços tecnológicos e a sustentabilidade estão a alterar os princípios do planeamento urbano e a criar um modelo de cidade em que a vida urbana é sinónimo de equilíbrio entre as necessidades humanas e os limites ambientais.

A tecnologia como pilar da cidade do futuro

A tecnologia desempenha um papel fundamental no desenvolvimento de cidades mais inteligentes e mais eficientes. Os sistemas de sensores, a inteligência artificial, a Internet das Coisas (IoT) e a análise de grandes volumes de dados permitem às cidades recolher e analisar informações em tempo real, facilitando a tomada de decisões e optimizando os serviços públicos. Graças a estas inovações, os responsáveis pelo planeamento urbano podem gerir o tráfego de forma mais eficiente, melhorar a segurança, reduzir o consumo de energia e responder a emergências de forma rápida e eficaz (Docherty et al., 2018).

Além disso, a tecnologia está também a revolucionar a construção de edifícios inteligentes que utilizam sensores e sistemas automatizados para regular a temperatura, a iluminação e o consumo de energia, minimizando o seu impacto ambiental. A incorporação destes edifícios no tecido urbano ajuda a criar cidades que consomem menos recursos, proporcionando um ambiente de vida mais saudável e confortável. Para os engenheiros civis, isto implica um novo paradigma na conceção de infra-estruturas, em que a tecnologia e a sustentabilidade se combinam para criar estruturas que não só servem os seus habitantes, mas também protegem o ambiente natural (Gossling, 2021).

Sustentabilidade e resiliência: cidades preparadas para a mudança

A sustentabilidade é uma componente essencial da cidade do futuro. Confrontadas com os desafios das alterações climáticas, do esgotamento dos recursos e da perda de biodiversidade, as cidades devem adotar práticas que reduzam a sua pegada ecológica e promovam a conservação dos ecossistemas circundantes. O desenvolvimento de infra-estruturas verdes, como parques, telhados verdes e sistemas de recolha de águas pluviais, ajuda a atenuar o efeito das ilhas de calor, melhora a qualidade do ar e ajuda a gerir a precipitação de forma eficiente (Banister, 2018).

A resiliência é outro aspeto fundamental na conceção da cidade do futuro. As infra-estruturas urbanas devem estar preparadas para resistir e adaptar-se a fenómenos extremos, como inundações, secas e ondas de calor, que se tornarão cada vez mais frequentes devido às alterações climáticas. Para tal, é necessário um planeamento cuidadoso e a utilização de materiais duradouros e sustentáveis que permitam às infra-estruturas urbanas resistir ao desgaste do tempo e às condições meteorológicas adversas. Para os engenheiros civis, a resiliência urbana representa um desafio técnico e logístico, mas também uma oportunidade para desenvolver infra-estruturas que possam proteger e servir as comunidades em tempos de crise (Rodrigue, 2020).

Inclusão e qualidade de vida no planeamento do futuro

A cidade do futuro não se centrará apenas na tecnologia e na sustentabilidade, mas colocará também as pessoas no centro do seu planeamento. A inclusão e a qualidade de vida são aspectos essenciais na conceção de cidades modernas que procuram melhorar o bem-estar de todos os habitantes, independentemente do seu estatuto socioeconómico ou localização. A criação de espaços públicos acessíveis, a promoção da mobilidade ativa e o acesso a serviços básicos de qualidade são elementos fundamentais para a construção de cidades mais justas e equitativas.

O planeamento urbano futuro deve garantir que todos os cidadãos tenham acesso a oportunidades de desenvolvimento e a um ambiente de vida saudável. Isto implica a criação de políticas que promovam a equidade no acesso a serviços como a educação, a saúde, os transportes e a habitação. Para os engenheiros civis, a conceção de infra-estruturas inclusivas e acessíveis é uma prioridade no desenvolvimento das cidades do futuro, uma vez que essas infra-estruturas não só melhoram a qualidade de vida dos habitantes, como também promovem a coesão social e o sentido de comunidade.

A inovação e o papel dos engenheiros civis na cidade do futuro

O papel dos engenheiros civis na construção da cidade do futuro é fundamental. O seu trabalho envolve não só a construção de infra-estruturas, mas também a integração de tecnologias sustentáveis e o planeamento de sistemas que respondam às exigências de uma sociedade em constante mudança. A engenharia civil deve adaptar-se a um novo paradigma em que as infra-estruturas não só cumprem uma função técnica, mas também promovem a sustentabilidade, a resiliência e o bem-estar dos cidadãos (Litman, 2021).

Além disso, os engenheiros civis devem liderar a implementação de inovações como os edifícios de energia quase nula, os sistemas de transporte autónomos, as redes de energia distribuída e as infra-estruturas avançadas de gestão de resíduos. A cidade do futuro exige uma abordagem multidisciplinar e uma colaboração estreita entre engenheiros, urbanistas, arquitectos e peritos em tecnologia e ambiente. Para os engenheiros civis, isto significa não só a adoção de novas tecnologias, mas também a promoção de uma visão holística do planeamento urbano que tenha em conta tanto as necessidades humanas como os limites do planeta.

Construir a cidade do futuro não é um projeto a curto prazo; é um compromisso com o bem-estar das gerações presentes e futuras. Para os engenheiros civis, esta visão representa uma oportunidade única de contribuir para o desenvolvimento de cidades que não só respondam aos desafios actuais, como também antecipem e se adaptem às necessidades de um mundo em constante mudança. Com foco na inovação, sustentabilidade e inclusão, a cidade do futuro é mais do que um ideal; é o próximo passo em direção a um ambiente urbano que serve as pessoas e o planeta.

5.1 Infra-estruturas inteligentes: Adaptação e eficiência na cidade do futuro

As infra-estruturas inteligentes estão no centro da cidade do futuro. Estas estruturas não só cumprem funções tradicionais, como os transportes, a gestão de recursos e a prestação de serviços básicos, como também incorporam tecnologias avançadas para otimizar o seu desempenho, adaptar-se à evolução das necessidades das cidades e reduzir o seu impacto ambiental. Equipadas com sensores, sistemas de monitorização e capacidades de resposta automatizada, as infraestruturas inteligentes oferecem soluções inovadoras para enfrentar os desafios da urbanização, das alterações climáticas e da sustentabilidade (Docherty et al., 2018). Esta secção analisa a forma como estas infraestruturas estão a transformar o planeamento urbano, os seus benefícios, desafios e o papel fundamental dos engenheiros civis no seu desenvolvimento.

Caraterísticas e benefícios das infra-estruturas inteligentes

As infra-estruturas inteligentes caracterizam-se pela sua capacidade de recolher, analisar e atuar sobre os dados em tempo real. Através da utilização de sensores, da Internet das Coisas (IoT) e de sistemas de inteligência artificial (IA), estas infra-estruturas podem monitorizar o seu estado e desempenho, detetar falhas e otimizar as suas funções de forma autónoma. Por exemplo, uma ponte inteligente equipada com sensores pode alertar para problemas estruturais antes de estes representarem um risco para os utilizadores, permitindo a manutenção preventiva e reduzindo os custos associados a grandes reparações (Rodrigue, 2020).

Um dos principais benefícios das infra-estruturas inteligentes é a sua capacidade de melhorar a eficiência dos recursos. Sistemas como as redes inteligentes optimizam a distribuição e o consumo de eletricidade, reduzindo as perdas e promovendo a utilização de energias renováveis. As infra-estruturas inteligentes podem também melhorar a gestão da água através da deteção de fugas e de sistemas de distribuição eficientes, garantindo o acesso sustentável ao recurso (Gossling, 2021). Para os engenheiros civis, a conceção e a implementação destas infra-estruturas representam uma oportunidade para liderar a criação de cidades mais eficientes, sustentáveis e resilientes.

Aplicações de transporte e mobilidade urbana

Nos transportes, as infra-estruturas inteligentes estão a revolucionar a mobilidade urbana. Sistemas como semáforos inteligentes, estações de carregamento para veículos eléctricos e faixas exclusivas para veículos autónomos optimizam o fluxo de tráfego e melhoram a experiência do utilizador. Por exemplo, os semáforos inteligentes, ligados a redes de monitorização do tráfego, ajustam os seus ciclos em tempo real para minimizar o congestionamento e reduzir os tempos de espera (Litman, 2021). Este tipo de tecnologia não só melhora a eficiência dos transportes, como também reduz as emissões de gases com efeito de estufa associadas ao congestionamento.

As estações de carregamento inteligentes para veículos eléctricos representam outra aplicação fundamental das infra-estruturas inteligentes. Estas estações estão equipadas com tecnologias que permitem um carregamento rápido e eficiente e podem ser integradas em redes de energias renováveis para minimizar a sua pegada de carbono. Além disso, as infraestruturas de transportes inteligentes permitem a recolha de dados sobre os padrões de mobilidade, que podem ser utilizados para planear rotas de transportes públicos mais eficientes e acessíveis (Cohen & Shaheen, 2018).

Desafios no desenvolvimento de infra-estruturas inteligentes

Apesar dos seus muitos benefícios, as infra-estruturas inteligentes enfrentam vários desafios no seu desenvolvimento e implementação. Um dos maiores obstáculos é o custo inicial de instalação, que pode ser significativamente mais elevado do que o das infra-estruturas convencionais. Este custo inclui não só os materiais e a construção, mas também os sistemas tecnológicos avançados e a formação do pessoal necessário para os operar (Banister, 2018). Para muitas cidades, especialmente aquelas com recursos limitados, este fator pode ser um grande impedimento.

Outro desafio fundamental é a segurança dos dados. As infra-estruturas inteligentes recolhem grandes quantidades de informações sobre os seus utilizadores e o seu ambiente, o que representa riscos em termos de privacidade e cibersegurança. Os sistemas devem ser concebidos com medidas de proteção avançadas para garantir a segurança dos dados e a proteção das infra-estruturas contra potenciais ataques cibernéticos (Docherty et al., 2018).

Além disso, a interoperabilidade entre diferentes sistemas e tecnologias é outro desafio crítico. As infra-estruturas inteligentes exigem uma integração perfeita entre vários sistemas, como as redes de transportes, os serviços públicos e as plataformas digitais, o que pode ser complicado devido à diversidade de normas e tecnologias utilizadas pelos diferentes fornecedores. Para os engenheiros civis, isto significa trabalhar em estreita colaboração com peritos em tecnologia e reguladores para garantir que as infra-estruturas são compatíveis e funcionam de forma coesa.

O papel dos engenheiros civis nas infra-estruturas inteligentes

Os engenheiros civis são fundamentais para a conceção, desenvolvimento e implementação de infra-estruturas inteligentes. O seu trabalho abrange desde o planeamento e a construção de estruturas físicas até à integração de tecnologias avançadas que permitem que estas infra-estruturas se adaptem e respondam às necessidades urbanas. Isto inclui a incorporação de sensores, sistemas de monitorização e redes de comunicação em estradas, pontes, edifícios e outras infra-estruturas críticas.

Além disso, os engenheiros civis devem garantir que estas infra-estruturas sejam sustentáveis e resistentes. Isto implica a utilização de materiais duráveis com baixo impacto ambiental, bem como a conceção de sistemas capazes de resistir a condições climatéricas extremas e de se adaptarem a futuras alterações das necessidades urbanas. A capacidade dos engenheiros civis para inovar e liderar o desenvolvimento de infra-estruturas inteligentes será essencial para o sucesso da cidade do futuro (Rodrigue, 2020).

As infra-estruturas inteligentes são uma componente essencial da cidade do futuro, oferecendo soluções inovadoras para os desafios da urbanização, das alterações climáticas e da sustentabilidade. Através de tecnologias avançadas como a IdC, a inteligência artificial e os sistemas de monitorização em tempo real, estas infra-estruturas melhoram a eficiência, reduzem os custos e promovem uma utilização mais sustentável dos recursos. No entanto, o seu desenvolvimento também coloca desafios técnicos, económicos e de segurança que têm de ser cuidadosamente abordados.

Para os engenheiros civis, a conceção e implementação de infra-estruturas inteligentes representa uma oportunidade para liderar a criação de cidades mais resilientes, sustentáveis e habitáveis. À medida que as cidades evoluem para um futuro mais tecnológico e conectado, as infra-estruturas inteligentes não só transformarão a forma como vivemos e trabalhamos, mas também estabelecerão as bases para um ambiente urbano que responda proactivamente às necessidades dos seus habitantes e do planeta.

5.2 Edifícios sustentáveis e inteligentes: Pilares da cidade do futuro

Os edifícios sustentáveis e inteligentes são elementos-chave no planeamento e desenvolvimento da cidade do futuro. Estas construções não só procuram reduzir o seu impacto ambiental através da utilização eficiente dos recursos, como também integram tecnologia avançada para otimizar o seu funcionamento, melhorar a qualidade de vida dos seus ocupantes e adaptar-se às necessidades em constante mudança do ambiente urbano. Equipados com sistemas de gestão automatizados, sensores e tecnologias avançadas, os edifícios sustentáveis e inteligentes representam um novo paradigma na arquitetura e na engenharia, onde a eficiência, a sustentabilidade e a conetividade convergem para redefinir o ambiente construído (Docherty et al., 2018). Esta secção explora os benefícios, as caraterísticas e os desafios destes edifícios, bem como o papel dos engenheiros civis na sua conceção e implementação.

Caraterísticas dos edifícios sustentáveis e inteligentes

Os edifícios sustentáveis são concebidos de forma a minimizar o seu impacto ambiental ao longo do seu ciclo de vida, desde a construção até ao funcionamento e demolição. Isto inclui a utilização de materiais reciclados e de baixo impacto ambiental, a incorporação de sistemas de eficiência energética e a implementação de tecnologias de gestão da água que reduzam o consumo e maximizem a reutilização (Gossling, 2021). Por exemplo, os sistemas de recolha e reciclagem de águas pluviais permitem que os edifícios reduzam a sua dependência de fontes externas, enquanto os painéis solares e as bombas de calor contribuem para satisfazer as suas necessidades energéticas através de fontes renováveis.

Os edifícios inteligentes, por outro lado, incorporam tecnologia avançada, como sensores IoT e sistemas de inteligência artificial, para monitorizar e gerir o consumo de energia, água e outros recursos em tempo real. Estes sistemas optimizam automaticamente as condições internas, como a iluminação e o ar condicionado, para garantir o conforto dos ocupantes e reduzir o consumo de energia. Além disso, os edifícios inteligentes são concebidos para se integrarem nas infra-estruturas urbanas, permitindo a comunicação com redes inteligentes e sistemas de transportes urbanos para melhorar a eficiência global da cidade (Litman, 2021).

Benefícios dos edifícios sustentáveis e inteligentes

Os edifícios sustentáveis e inteligentes oferecem múltiplos benefícios ambientais, económicos e sociais. Do ponto de vista ambiental, estes edifícios ajudam a reduzir as emissões de gases com efeito de estufa e a pegada de carbono associada às actividades urbanas. Ao utilizarem tecnologias eficientes do ponto de vista energético e fontes renováveis, os edifícios inteligentes minimizam o consumo de energia e contribuem para a atenuação das alterações climáticas (Cohen & Shaheen, 2018). Além disso, ao integrarem sistemas de gestão da água, estes edifícios promovem a conservação deste recurso vital, o que é especialmente relevante em regiões com stress hídrico.

Em termos económicos, os edifícios sustentáveis e inteligentes geram poupanças significativas nos custos de funcionamento devido à sua eficiência energética e à utilização eficiente dos recursos. Embora o investimento inicial possa ser mais elevado, os benefícios a longo prazo, como a redução da fatura energética e da manutenção, superam largamente esses custos (Rodrigue, 2020). Além disso, aumentam o valor dos imóveis e atraem inquilinos e compradores que procuram espaços modernos, eficientes e amigos do ambiente.

De uma perspetiva social, os edifícios inteligentes melhoram a qualidade de vida dos seus ocupantes, proporcionando espaços saudáveis, confortáveis e adaptados. Por exemplo, sistemas de ventilação avançados melhoram a qualidade do ar interior, enquanto a iluminação e o controlo climático automatizados criam um ambiente mais agradável e produtivo. Para além disso, estes edifícios promovem a inclusão e a acessibilidade ao incorporarem designs universais que garantem que todas as pessoas, independentemente da sua capacidade física, podem usufruir das suas instalações.

Desafios no desenvolvimento de edifícios sustentáveis e inteligentes

O desenvolvimento de edifícios sustentáveis e inteligentes enfrenta uma série de desafios técnicos, económicos e regulamentares. Um dos principais obstáculos é o elevado custo inicial associado às tecnologias avançadas e aos materiais sustentáveis. Embora estes custos sejam frequentemente amortizados ao longo do tempo, podem ser proibitivos para os promotores com recursos limitados. Para enfrentar este desafio, é fundamental que os governos e as instituições financeiras ofereçam incentivos e programas de financiamento que encorajem a construção de edifícios sustentáveis (Banister, 2018).

Outro desafio é a complexidade técnica associada à integração de tecnologias avançadas na conceção e funcionamento dos edifícios. Os sistemas inteligentes exigem uma infraestrutura digital robusta, bem como pessoal qualificado para a instalação e manutenção. Além disso, a interoperabilidade entre diferentes sistemas e plataformas pode ser um problema, especialmente em edifícios grandes e complexos. Para os engenheiros civis, isto significa trabalhar em estreita colaboração com especialistas em tecnologia e programadores de software para garantir que os sistemas são compatíveis e funcionam de forma eficiente.

A regulamentação é também um desafio, uma vez que os regulamentos de construção e os códigos urbanos podem não estar actualizados para responder aos requisitos específicos dos edifícios sustentáveis e inteligentes. Esta situação pode atrasar a aprovação e a construção destes edifícios, especialmente em regiões onde a inovação no sector da construção ainda não é totalmente apoiada pelas políticas públicas. Para ultrapassar este obstáculo, os engenheiros civis e os promotores precisam de trabalhar em colaboração com os decisores políticos para atualizar os regulamentos e promover normas que apoiem a sustentabilidade e a inovação.

O papel dos engenheiros civis na conceção de edifícios sustentáveis e inteligentes

Os engenheiros civis desempenham um papel essencial na conceção e construção de edifícios sustentáveis e inteligentes. O seu trabalho vai desde a seleção de materiais sustentáveis até à conceção de sistemas estruturais e de serviços que minimizem o consumo de recursos e maximizem a eficiência. Além disso, os engenheiros civis são responsáveis pela integração de tecnologias avançadas na conceção dos edifícios, garantindo que os sistemas inteligentes funcionam harmoniosamente e contribuem para o objetivo global da sustentabilidade (Rodrigue, 2020).

Outro aspeto crucial do papel dos engenheiros civis é garantir a resiliência dos edifícios face a desafios como as alterações climáticas e os fenómenos extremos. Isto implica a conceção de estruturas capazes de resistir a eventos como inundações, terramotos e furacões, garantindo simultaneamente a segurança e o bem-estar dos seus ocupantes. A capacidade dos engenheiros civis para inovar e liderar a construção de edifícios sustentáveis e inteligentes é fundamental para o sucesso da cidade do futuro.

Os edifícios sustentáveis e inteligentes são componentes essenciais da cidade do futuro, oferecendo soluções inovadoras para os desafios ambientais, económicos e sociais das zonas urbanas. Através de tecnologias avançadas e de práticas de conceção sustentáveis, estes edifícios não só reduzem o seu impacto ambiental, como também melhoram a qualidade de vida dos seus ocupantes e geram benefícios económicos significativos. No entanto, o seu desenvolvimento requer a superação de desafios técnicos, económicos e regulamentares que exigem a colaboração entre engenheiros civis, urbanistas, promotores e decisores políticos.

Para os engenheiros civis, os edifícios sustentáveis e inteligentes representam uma oportunidade única de contribuir para o desenvolvimento de cidades mais resilientes, eficientes e inclusivas. Com uma tónica na sustentabilidade, na inovação e no bem-estar humano, os edifícios do futuro não serão apenas estruturas físicas, mas também ferramentas poderosas para transformar as nossas cidades e criar um ambiente urbano ao serviço das pessoas e do planeta.

5.3 Energias renováveis e redes inteligentes: Alimentar a cidade do futuro

As energias renováveis e as redes inteligentes desempenham um papel central no desenvolvimento da cidade do futuro. Dado que as cidades enfrentam uma procura crescente de energia e os efeitos das alterações climáticas, a transição para fontes de energia limpas e a implementação de redes inteligentes tornaram-se prioridades fundamentais. Esta abordagem não só reduz as emissões de gases com efeito de estufa, como também melhora a eficiência energética, incentiva a descentralização da produção de energia e aumenta a resiliência das cidades a fenómenos extremos (Agência Internacional da Energia [AIE], 2022). Esta secção explora as vantagens, os desafios e as aplicações das energias renováveis e das redes inteligentes no contexto urbano, bem como o papel dos engenheiros civis na sua implementação.

Transição para as energias renováveis nas cidades

A adoção de fontes de energia renováveis, como a solar, a eólica e a geotérmica, é essencial para reduzir a dependência dos combustíveis fósseis e minimizar o impacto ambiental das cidades. Os painéis solares e as turbinas eólicas, por exemplo, estão a ser integrados em edifícios e espaços urbanos para gerar energia limpa e descentralizada. Esta energia renovável não só reduz as emissões de carbono, como também permite que as cidades aproveitem os recursos locais, reduzindo a necessidade de importar energia de fontes externas (Litman, 2021).

Além disso, as energias renováveis são fundamentais para promover a sustentabilidade económica. Embora o investimento inicial possa ser elevado, os custos de funcionamento são significativamente mais baixos do que os dos combustíveis fósseis e a disponibilidade de incentivos governamentais e de reduções fiscais torna as soluções renováveis cada vez mais acessíveis. Para os engenheiros civis, isto significa conceber infra-estruturas urbanas que integrem fontes de energia renováveis, desde telhados solares em edifícios a parques eólicos urbanos, e garantir que estas soluções são seguras e eficientes.

Redes inteligentes: A ligação entre energia e tecnologia

As redes inteligentes são sistemas avançados de distribuição de eletricidade que utilizam tecnologias digitais para gerir a oferta e a procura de energia em tempo real. Estas redes não só melhoram a eficiência energética, minimizando as perdas de transmissão, como também permitem uma integração mais eficaz das fontes de energia renováveis no sistema elétrico. Por exemplo, uma rede inteligente pode equilibrar a produção de energia solar ou eólica com as necessidades dos utilizadores, garantindo um fornecimento constante mesmo em condições meteorológicas variáveis (Cohen & Shaheen, 2018).

Outra vantagem fundamental das redes inteligentes é a sua capacidade de aumentar a resistência das cidades a cortes de eletricidade e a fenómenos extremos. Através da recolha e análise de dados em tempo real, estas redes podem identificar problemas antes de se tornarem falhas graves, redirecionar a energia conforme necessário e restabelecer rapidamente o fornecimento em caso de interrupções. Para os engenheiros civis, o planeamento e a implementação de redes inteligentes requerem uma abordagem multidisciplinar, combinando conhecimentos especializados em infra-estruturas eléctricas, tecnologias da informação e sustentabilidade urbana.

Energias renováveis e integração de redes inteligentes

A integração das energias renováveis e das redes inteligentes é essencial para maximizar os benefícios de ambos os sistemas. As redes inteligentes permitem às cidades gerir de forma mais eficiente a energia produzida a partir de fontes renováveis, armazenando o excesso de energia em baterias e distribuindo-a quando a procura é elevada. Além disso, estas redes facilitam a participação ativa dos cidadãos na gestão da energia, permitindo-lhes monitorizar o seu consumo e contribuir para a rede através da produção distribuída, como a energia solar residencial (Banister, 2018).

A eletrificação dos transportes também beneficia desta integração. Os sistemas de carregamento de veículos eléctricos podem ser ligados a redes inteligentes para otimizar o consumo de energia, carregando os veículos fora das horas de ponta e utilizando fontes renováveis sempre que possível. Para os engenheiros civis, isto significa conceber estações de carregamento e redes de distribuição que sejam flexíveis e capazes de se adaptar às flutuações da produção e da procura de energia.

Desafios na implementação de energias renováveis e redes inteligentes

Apesar dos seus muitos benefícios, a implantação das energias renováveis e das redes inteligentes enfrenta desafios significativos. Um dos principais obstáculos é o investimento inicial, que pode ser elevado tanto para as infra-estruturas de produção de energias renováveis como para a modernização da rede. Além disso, a integração de múltiplas fontes de energia numa rede unificada exige sistemas avançados de gestão e coordenação, o que aumenta a complexidade técnica do processo (Rodrigue, 2020).

Outro desafio é garantir a equidade no acesso a estas tecnologias. Em muitas cidades, as comunidades com baixos rendimentos enfrentam barreiras económicas e tecnológicas que dificultam a sua participação na transição energética. Para resolver este problema, é fundamental que as políticas públicas promovam incentivos e programas de apoio que permitam a todas as comunidades beneficiar das energias renováveis e das redes inteligentes.

Por último, a segurança e a privacidade dos dados são uma grande preocupação. As redes inteligentes recolhem grandes quantidades de informação sobre os utilizadores, o que coloca riscos de cibersegurança e de proteção de dados. Para os engenheiros civis, isto significa trabalhar em colaboração com especialistas em tecnologia e reguladores para garantir que os sistemas são seguros e cumprem os regulamentos de privacidade.

O papel dos engenheiros civis na transição energética

Os engenheiros civis desempenham um papel crucial na implementação das energias renováveis e das redes inteligentes nas cidades. O seu trabalho inclui a conceção e construção de infra-estruturas de produção e armazenamento de energia, tais como painéis solares, turbinas eólicas e estações de carregamento para veículos eléctricos. Além disso, os engenheiros civis são responsáveis pela integração destas soluções no tecido urbano de uma forma acessível, segura e esteticamente agradável.

Outro aspeto importante é o planeamento e o desenvolvimento de redes inteligentes que possam gerir eficazmente a produção e a distribuição de energias renováveis. Para tal, é necessária uma estreita colaboração com peritos em tecnologia, operadores de redes e autoridades locais, a fim de garantir que as soluções implementadas sejam sustentáveis e escaláveis.

As energias renováveis e as redes inteligentes são pilares fundamentais da cidade do futuro, oferecendo soluções inovadoras para os desafios energéticos e ambientais das zonas urbanas. Ao promover a sustentabilidade, a eficiência e a resiliência, estas tecnologias transformam a forma como as cidades geram e consomem energia, criando um ambiente mais limpo, mais equitativo e adaptado às necessidades do século XXI.

Para os engenheiros civis, a transição para as energias renováveis e as redes inteligentes representa uma oportunidade única para liderar a criação de cidades sustentáveis e resilientes. Com um enfoque na inovação, equidade e colaboração, os engenheiros podem ajudar a construir um futuro em que as cidades não sejam apenas funcionais e tecnológicas, mas também ambientalmente responsáveis e centradas no bem-estar dos seus habitantes.

5.4 Gestão de resíduos e economia circular: uma nova visão para as cidades do futuro

A gestão eficiente dos resíduos é um desafio crucial para as cidades modernas, especialmente num mundo em que o crescimento demográfico e o consumo excessivo conduziram a um aumento exponencial da produção de resíduos. A cidade do futuro procura não só minimizar os resíduos, mas também transformá-los em recursos através da implementação de estratégias baseadas na economia circular. Esta abordagem promove a conceção de sistemas urbanos que reduzem, reutilizam e reciclam materiais, fechando o ciclo de vida dos produtos e reduzindo a dependência de matérias-primas virgens (Ellen MacArthur Foundation, 2020). Esta secção discute as estratégias, os benefícios e os desafios da gestão de resíduos na cidade do futuro, bem como o papel fundamental dos engenheiros civis na sua implementação.

Estratégias de gestão de resíduos para a cidade do futuro

A gestão de resíduos nas cidades do futuro centra-se na redução dos resíduos na fonte e na criação de infra-estruturas para um tratamento eficiente dos resíduos. Uma das principais estratégias é o desenvolvimento de sistemas inteligentes de recolha e triagem, que utilizam tecnologias avançadas, como sensores IoT e análise de dados, para otimizar as rotas de recolha, monitorizar os volumes de resíduos e garantir a segregação adequada dos materiais (Docherty et al., 2018).

Outra estratégia é a promoção de instalações avançadas de reciclagem e de centros de compostagem, que permitem um tratamento eficaz dos resíduos orgânicos e dos materiais recicláveis. Estas instalações não só contribuem para reduzir a quantidade de resíduos enviados para aterros, como também geram produtos valiosos, como fertilizantes e matérias-primas secundárias. Além disso, a utilização energética dos resíduos, através de tecnologias como a incineração com recuperação de energia e a digestão anaeróbia, permite que os resíduos sejam convertidos em eletricidade, calor e biogás, oferecendo uma solução sustentável para a gestão de resíduos não recicláveis (Associação Internacional de Resíduos Sólidos [ISWA], 2021).

A economia circular como modelo urbano

A economia circular é uma abordagem que procura transformar o sistema linear de "produzir, consumir e eliminar" num modelo em que os recursos são mantidos em utilização durante o máximo de tempo possível. Isto inclui a conceção de produtos duráveis e reparáveis, a reutilização de materiais e a criação de sistemas de reciclagem eficientes que permitam a reintrodução dos recursos na cadeia de produção (Ellen MacArthur Foundation, 2020).

No contexto urbano, a economia circular incentiva a integração de soluções sustentáveis no planeamento das cidades. Tal inclui a conceção de edifícios com materiais recicláveis, a reutilização da água em sistemas fechados e a criação de infra-estruturas urbanas que facilitem a reciclagem e a recuperação de materiais. Para os engenheiros civis, a economia circular implica uma mudança na abordagem do projeto e da construção, dando prioridade a materiais sustentáveis e a soluções inovadoras que maximizem a utilização dos recursos.

Benefícios da gestão de resíduos e da economia circular

A adoção de estratégias avançadas de gestão de resíduos e de economia circular oferece múltiplos benefícios ambientais, económicos e sociais. Do ponto de vista ambiental, estas práticas reduzem a pressão sobre os aterros, reduzem a poluição do solo e da água e reduzem as emissões de gases com efeito de estufa associadas à decomposição dos resíduos e à extração de recursos naturais (Litman, 2021).

Do ponto de vista económico, a recuperação de materiais e a produção de energia a partir de resíduos criam oportunidades para o desenvolvimento de novas indústrias e empregos ecológicos. Além disso, a implementação da economia circular promove a inovação na conceção de produtos e processos, aumentando a competitividade das empresas locais. A nível social, estas estratégias melhoram a qualidade de vida, reduzindo os problemas associados à acumulação de resíduos, tais como odores, pragas e riscos para a saúde pública.

Desafios na implementação de sistemas circulares de gestão de resíduos

Apesar dos seus benefícios, a transição para sistemas circulares de gestão de resíduos enfrenta vários desafios. Um dos principais obstáculos é a falta de infra-estruturas adequadas para a recolha, triagem e tratamento de resíduos, especialmente em cidades com recursos limitados. Além disso, a implementação de tecnologias avançadas requer investimentos significativos, o que pode ser um impedimento para muitas comunidades urbanas (Rodrigue, 2020).

Outro desafio importante é a necessidade de mudar os hábitos e comportamentos dos cidadãos. A adoção da economia circular depende, em grande medida, da colaboração dos munícipes, que devem participar ativamente na segregação dos resíduos e na redução dos consumos. Para ultrapassar este desafio, é essencial implementar campanhas de educação e sensibilização que promovam práticas sustentáveis e fomentem uma cultura de responsabilidade ambiental.

A integração das políticas públicas é também essencial para apoiar a economia circular. Isto inclui a criação de regulamentos que incentivem a reutilização e a reciclagem, bem como a definição de objectivos claros para a redução de resíduos e a recuperação de materiais. Para os engenheiros civis, isto significa colaborar com os governos e outras partes interessadas para garantir que as infra-estruturas e soluções propostas são viáveis e sustentáveis.

O papel dos engenheiros civis na gestão de resíduos e na economia circular

Os engenheiros civis desempenham um papel crucial na implementação de sistemas avançados de gestão de resíduos e de economia circular nas cidades do futuro. O seu trabalho inclui a conceção de infra-estruturas de tratamento de resíduos, tais como instalações de reciclagem, centros de compostagem e sistemas de recuperação de energia. Além disso, os engenheiros civis são responsáveis pelo desenvolvimento de redes eficientes de recolha e transporte de resíduos que minimizem as emissões e maximizem a eficiência operacional.

Outro aspeto fundamental é a conceção de infra-estruturas urbanas que incorporem os princípios da economia circular. Isto inclui a seleção de materiais recicláveis na construção de edifícios e estradas, bem como a conceção de sistemas de reutilização de água e energia. A capacidade dos engenheiros civis para inovar e liderar o desenvolvimento de soluções sustentáveis é essencial para o sucesso da gestão de resíduos e da economia circular.

A gestão de resíduos e a economia circular são elementos fundamentais para a construção de cidades sustentáveis, resilientes e eficientes. Através da aplicação de tecnologias avançadas e de estratégias abrangentes, as cidades do futuro podem transformar resíduos em recursos, reduzir o seu impacto ambiental e gerar benefícios económicos e sociais significativos. No entanto, para alcançar esta transição é necessário ultrapassar desafios técnicos, económicos e culturais que exigem a colaboração de todas as partes interessadas.

Para os engenheiros civis, a economia circular representa uma oportunidade única para liderar a conceção e a construção de sistemas urbanos que optimizem a utilização dos recursos e minimizem os resíduos. Centrando-se na inovação, na sustentabilidade e na colaboração, os engenheiros civis podem ajudar a construir um futuro em que as cidades sejam não só funcionais, mas também ambientalmente responsáveis e centradas no bem-estar dos seus habitantes.

Referências

Banco Interamericano de Desenvolvimento (BID). (2023). *Transformando cidades: Desenvolvimento orientado para o transporte.* Banco Interamericano de Desenvolvimento. https://blogs.iadb.org/ciudades-sostenibles/es/transformando-ciudades-desarrollo- transport-oriented/

Banister, D. (2018). *Transport, climate change and the city (Transportes, alterações climáticas e a cidade).* Routledge. https://www.taylorfrancis.com/books/mono/10.4324/9780203074435/transport-climate-change-city-david-banister-robin-hickman.

Cohen, A., & Shaheen, S. (2018). *Planeamento para a mobilidade partilhada.* Associação Americana de Planeamento. https://www.planning.org/publications/report/9107556/

Docherty, I., Marsden, G., & Anable, J. (2018). A governança da mobilidade inteligente. *Pesquisa em Transporte Parte A: Política e Prática, 115,* 114-. 125.https://www.sciencedirect.com/science/article/abs/pii/S0965856417312908

Fundação Ellen MacArthur (2020). *Economia circular: um quadro de soluções sistémicas.* https://ellenmacarthurfoundation.org/topics/circular-economy-introduction/overview

Fernández, P. (2023). *Sistemas de transporte e sustentabilidade urbana.* Editorial Técnica. https://enlacealafuente.com

García, A. (2023). *Sistemas de transporte e mobilidade urbana.* Editorial Urbana. https://enlacealafuente.com

García, J. (2023). *Conceção de sistemas de transporte sustentáveis.* Editorial Sostenibilidad Urbana. https://enlacealafuente.com

Gehl, J. (2010). *Cidades para pessoas.* Island Press. https://islandpress.org/books/cities-people

Gómez, L. (2023). *Transporte sustentável: Desafios e oportunidades para as cidades do futuro.* Editorial Verde. https://enlacealafuente.com

Gossling, S. (2021). *Urban transport justice.* Routledge.
https://www.taylorfrancis.com/books/mono/10.4324/9780429287558/urban-transport-justice-stefan-g%C3%B6ssling

Hernández, L. (2023). *Mobilidade e urbanismo: Rumo a cidades sustentáveis e equitativas.* Editorial Innovación Urbana. https://enlacealafuente.com

Agência Internacional da Energia (AIE). (2022). *O papel dos transportes sustentáveis na redução da poluição urbana* https://www.iea.org/reports/sustainable-transport

Associação Internacional de Resíduos Sólidos (ISWA) (2021). *Perspectivas da gestão global de resíduos.* https://www.iswa.org/programmes/knowledge-base/gwmo/

Jacobs, J. (1961). *The death and life of great American cities.* Random House. https://www.penguinrandomhouse.com/books/611123/the-death-and-life-of-great-american-cities-by-jane-jacobs/

Litman, T. (2021). *Introdução à gestão da procura de transportes: Planeamento e avaliação de soluções de gestão da mobilidade.* Victoria Transport Policy Institute. https://www.vtpi.org/tdm/tdmintro.pdf

Litman, T. (2021). *Planningfor sustainable transportation: Indicators and strategies (Planeamento de transportes sustentáveis: indicadores e estratégias).* Instituto de Política de Transportes de Victoria.
https://www.vtpi.org/plansus.pdf

López, R. (2022). *Mobilidade e desenvolvimento urbano: O impacto dos sistemas de transporte.* Editorial Movilidad. https://enlacealafuente.com

Martínez, J. (2021). *Engenharia de transportes e mobilidade urbana.* Editorial Técnica. https://enlacealafuente.com

Moreno, C., Allam, Z., Chabaud, D., Gall, C., & Pratlong, F. (2021). Apresentando a "cidade de 15 minutos": Sustentabilidade, resiliência e identidade local em futuras cidades pós-pandemia. *Smart Cities, 4*(1), 93-111https://www.mdpi.com/2624-6511/4/1/6

Newman, P., & Kenworthy, J. (2015). *The end of automobile dependence: How cities are moving beyond car-based planning*. Island Press. https://islandpress.org/books/end-automobile-dependence

ONU-Habitat (2023). *Planeamento e conceção para uma mobilidade urbana sustentável.* UN-Habitat. https://unhabitat.org/planificacion-y-diseno-de-una-movilidad-urbana- sustainable-urban-mobility-planning-and-design. https://unhabitat.org/planificacion-y-diseno-de-una-movilidad-urbana-sustainable-urban-mobility-planning-and-design-planning-and-design-planning.

Organização Mundial de Saúde (OMS). (2021). *Poluição atmosférica e saúde.* https://www.who.int/health-topics/air-pollution#tab=tab 1

Pérez, M. (2020). *Transportes e acessibilidade: Rumo a cidades mais inclusivas.* Editorial Movilidad Inclusiva. https://enlacealafuente.com

Pucher, J., & Buehler, R. (2019). *City cycling.* MIT Press. https://mitpress.mit.edu/9780262527587/city-cycling/

Ramírez, G. (2022). *Mobilidade urbana: Sistemas de transporte e sustentabilidade.* Editorial Urbana. https://enlacealafuente.com

Rodrigue, J. P. (2020). *A geografia dos sistemas de transporte* (5ª ed.). Routledge. https://transportgeography.org/?page id=1121

Rodríguez, S. (2024). *O futuro da mobilidade urbana: IA, veículos autónomos e MaaS.* Editorial Innovación. https://enlacealafuente.com

Smith, J. (2023). *Sistemas de pagamento inteligentes nos transportes urbanos: desafios e soluções.*
Urban Mobility Press. https://www.urbanmobilitypress.com/smart-payment-systems

Fórum Económico Mundial (2022). *O futuro da mobilidade urbana: Rumo a cidades mais inteligentes e sustentáveis.* Fórum Económico Mundial. https://www.weforum.org/reports/the- future-of-urban-mobility.

Printed by Books on Demand GmbH, Norderstedt / Germany